MÉTHODE PRATIQUE

POUR L'ÉTABLISSEMENT

DES PONTS ET PONCEAUX

DANS LA CONFECTION

DES PROJETS DE ROUTES ET CHEMINS

OUVRAGE SPÉCIALEMENT DESTINÉ AUX AGENTS-VOYERS
ET INDISPENSABLE A TOUTES LES PERSONNES
QUI S'OCCUPENT DE LA CONFECTION DE PROJETS DE ROUTES OU CHEMINS,

PAR A. ROLLAND,

Agent-Voyer d'arrondissement à Uzès (Gard).

A UZÈS, CHEZ L'AUTEUR.

PRIX : 3 francs. — 3 francs 75 centimes par la poste.

A PARIS
CHEZ BACHELIER, IMPRIMEUR-LIBRAIRE DE L'ÉCOLE POLYTECHNIQUE,
DU BUREAU DES LONGITUDES, ETC.
Quai des Augustins, 55.

1856.

MÉTHODE PRATIQUE

POUR L'ÉTABLISSEMENT

DES PONTS ET PONCEAUX

DANS

LA CONFECTION DES PROJETS DE ROUTES ET CHEMINS.

PARIS.
[illegible]
[illegible]
Quai des Augustins, [illegible]

[illegible]

Uzès.— Typ. Malige.

MÉTHODE PRATIQUE

POUR L'ÉTABLISSEMENT

DES PONTS ET PONCEAUX

DANS LA CONFECTION

DES PROJETS DE ROUTES ET CHEMINS

OUVRAGE SPÉCIALEMENT DESTINÉ AUX AGENTS-VOYERS

ET INDISPENSABLE A TOUTES LES PERSONNES

QUI S'OCCUPENT DE LA CONFECTION DE PROJETS DE ROUTES OU CHEMINS,

PAR A. ROLLAND,

Agent-Voyer d'arrondissement à Uzès (Gard).

PARIS.

BACHELIER, IMPRIMEUR-LIBRAIRE DE L'ÉCOLE POLYTECHNIQUE,

DU BUREAU DES LONGITUDES, ETC.,

Quai des Augustins, 55.

1856.

PRÉFACE.

Cet ouvrage est spécialement destiné aux Agents-Voyers de canton.

On exige aujourd'hui pour la construction des routes et chemins, des projets réguliers, préalablement dressés, qui font connaître tous les détails que comportera l'exécution des travaux : en un mot, la route doit se construire sur le papier, avant de se construire sur le terrain. La multiplicité des projets à dresser pour la construction des chemins vicinaux, a souvent forcé d'en confier la confection à des Agents-Voyers de canton, qui, la plupart du temps, n'ont que des connaissances très-élémentaires. Cette tâche est facile pour ces Agents, lorsque le projet ne comporte pas l'établissement de ponts ou ponceaux, car alors les méthodes qui servent à l'établissement de la route, sont d'une si grande simplicité qu'elles peuvent être aisément mises à leur portée, pourvu toutefois qu'on ait soin de substituer aux calculs de raccordement, seule difficulté qu'elles présentent, l'usage de tables de courbes et d'ordonnées. Mais si le projet comporte l'établissement de ponts, il n'en est plus de même : la complication des méthodes, le manque d'ouvrages élémentaires sur ce sujet, leur en rend l'accès très-difficile, pour ne pas dire impossible. Aussi voit-on bien souvent un pont ne pas se construire parce qu'un Agent-Voyer de canton qui n'est pas à même d'en dresser le projet, le fait ajourner indéfiniment.

C'est pour obvier à cet inconvénient que nous publions le présent ouvrage. Il contient l'exposé de méthodes au moyen desquelles on arrive à la formation de tableaux pratiques, donnant avec facilité et rapidité les cubes des ponts de grandeur ordinaire pour les routes ou chemins de toute largeur. L'usage de ces tableaux n'exige point la connaissance des méthodes qui ont servi à leur formation et peut être facilement enseigné, en très-peu de temps, au moyen d'une instruction spéciale placée à la fin de l'ouvrage, à toute personne qui ne possède que de simples notions d'arithmétique. L'établissement des ponts est donc entièrement mis, par leur moyen, à la portée des Agents-Voyers de canton : la confection d'un projet de pont devient, pour ces agents, aussi facile que la confection d'un projet de terrassements.

Ces tableaux pratiques seront également d'une très-grande utilité pour toutes les personnes chargées de la rédaction de longs projets de route, car chacun d'eux, bien que donnant les cubes d'un infinité de ponts, n'exige pour l'établissement de ces ouvrages, que la confection d'un seul dessin-type. En général, deux dessins suffiront pour tous les ponts ordinaires d'un projet. On appréciera facilement un aussi grand avantage.

Cet ouvrage ayant principalement pour but l'établissement des ponts des chemins vicinaux, les types de construction ont été choisis parmi les plus simples et les moins dispendieux. Les dimensions adoptées suffisent pour tous les cas ordinaires ; il sera du reste, facile de modifier celles qui, comme la profondeur des fondations, pourraient varier en raison des circonstances locales. Les cintres ont été établis en vue d'arches d'ouvertures moyennes ; on devra les simplifier pour de faibles ouvertures.

PRÉLIMINAIRE.

1. Lorsqu'une route ou une voie de communication quelconque doit franchir un cours d'eau, on jette normalement à la direction du courant, une voûte ou un ensemble de voûtes parallèles, cylindriques, établies ou non sur des pieds-droits, et dont on a rendu la surface supérieure propre à recevoir la voie, c'est-à-dire horizontale. On raccorde ensuite la route avec cette construction qui constitue alors ce qu'on nomme un ***pont.***

2. Les ponts se distinguent par les génératrices de leurs voûtes. Les plus communément employées sont la demi-circonférence ou l'arc de 180°, et le tiers de la demi-circonférence ou l'arc de 60°. Dans le premier cas, la largeur de l'ouverture d'une voûte est égale au diamètre, et le pont est dit ***à plein-cintre;*** dans le second cas, cette largeur est égale au rayon, et le pont est dit ***surbaissé au tiers.***

Lorsque le cours d'eau n'est qu'un simple ruisseau, on se contente souvent pour le franchir, d'élever des pieds-droits et de les réunir par des dalles sur lesquelles on fait reposer la voie. On raccorde cet ouvrage avec la route et l'on a ce qu'on nomme un ***pont plat ou aqueduc.***

Ainsi donc, par la nature même de l'ouverture, on peut distinguer trois espèces principales de ponts : les ponts à plein-cintre, les ponts surbaissés et les ponts plats.

3. Le lit d'un cours d'eau est ordinairement à peu près horizontal, et alors les voûtes de pont se construisent également suivant un axe horizontal, mais il peut alors se présenter deux circonstances : l'axe du pont peut rencontrer la direction de la route perpendiculairement ou obliquement. Il s'en suivra nécessairement des dispositions différentes dans l'établissement du pont, qui sera dit alors ***droit*** ou ***biais,*** suivant l'angle que fera son axe avec celui de la route.

Dans les pays de montagnes, on voit cependant quelquefois des ravins d'une si grande déclivité qu'il convient, pour éviter un surcroît de dépense, d'incliner également l'axe des voûtes. De là un nouveau cas dans la construction des ponts, celui des ponts ***inclinés*** qui pourront, comme les ponts ***horizontaux,*** être également droits ou biais.

Ainsi donc, par la direction de l'axe de la voûte on aura à distinguer, dans le sens vertical, des ponts ***horizontaux*** ou ***inclinés,*** et dans le sens horizontal, des ponts ***droits*** ou ***biais.***

4. Les distinctions précédentes ressortent toutes de l'établissement des voûtes de pont; mais si l'on considère ces ouvrages sous le rapport de leur raccordement avec la route, on trouve pour chacun des cas ci-dessus désignés, deux autres cas particuliers. Au passage d'une dépression de terrain comme celle qui se présente à la rencontre d'un cours d'eau, une route se trouve en effet nécessairement en remblai. Or, un remblai étant soutenu

par des murs ou par des talus, il s'ensuit que le profil de la route, à l'endroit où doit s'établir le pont, peut affecter deux formes très-distinctes. Il résulte naturellement de là, qu'un pont avec une même nature et une même direction de voûte, devra cependant recevoir, selon que la route présentera l'un ou l'autre de ces profils, des dispositions différentes, soit pour le passage de la voie au-dessus des voûtes, soit pour le raccordement des voûtes avec les parties constitutives de la route.

Ainsi donc, pour chacune des espèces de ponts considérées, il y aura à distinguer ces deux cas : le cas où la route serait ***soutenue par des murs***, le cas où la route serait ***soutenue par des talus.***

5. Il y aurait encore à considérer, à la rigueur, le cas où le pont serait placé dans un alignement droit de la route et le cas où il serait placé dans un alignement courbe. Mais si l'on remarque que les rayons des courbes sont généralement d'une grandeur considérable par rapport aux dimensions des ponts et qu'il est d'ailleurs toujours possible d'insérer un petit alignement droit dans une courbe, on pourra négliger le second de ces deux cas et supposer, comme nous le ferons dans tout ce qui va suivre, que les ponts devront être établis dans des alignements droits.

6. Dans un projet pour l'établissement d'un ouvrage quelconque, il y a toujours à considérer trois choses : la disposition des parties de l'ouvrage, la détermination de leurs dimensions, leur cubage. La disposition des parties de l'ouvrage et leur cubage peuvent s'indiquer d'une manière générale; mais la détermination de leurs dimensions dépend toujours des circonstances particulières dans lesquelles l'ouvrage se trouve placé. Il convient donc de s'occuper de ces deux premières considérations avant de passer à la troisième, et c'est ce que nous ferons pour chacune des espèces de pont indiquées au § 2.

CHAPITRE Ier.

DES PONTS A PLEIN-CINTRE.

SECTION PREMIÈRE.

PRINCIPES GÉNÉRAUX.

ARTICLE Ier. — Section des ponts à plein-cintre.

7. Il résulte de la définition que nous avons donnée pour les ponts (§ 1er), que l'établissement de ces ouvrages comporte deux opérations bien distinctes : *l'établissement de la voûte ou des voûtes*; *le raccordement de cette construction avec la route*. Nous allons actuellement examiner la première de ces opérations pour les ponts à plein-cintre.

8. L'établissement d'une voûte se fait, comme on le sait, au moyen de sa section. Cette section en effet, s'établissant toujours dans un plan vertical perpendiculaire à la direction de l'axe de la voûte, est par conséquent indépendante de la position de cet axe. Elle est de plus également indépendante de la longueur de cet axe et de toute forme extérieure des extrémités de la voûte, puisqu'elle n'est établie qu'en vertu des considérations de l'équilibre. Il s'ensuit donc que les règles qui présideront à l'établissement des sections de voûtes de même génération, seront les mêmes quelle que soit la position de leur axe, sa longueur et la forme des extrémités des voûtes. Il convient donc, avant d'examiner l'établissement des voûtes de même génération, de s'occuper préalablement de leur forme commune de section.

9. Nous appellerons *arche* ce que nous avons jusqu'à présent désigné par voûte, et nous réserverons le nom de *voûte* pour la partie de l'arche CDPZ (pl. I) comprise entre les joints à 30° CD PZ. Au-dessous de ces joints, en effet, la maçonnerie peut être élevée sans le secours d'un cintre, et ce n'est qu'au-dessus que les voussoirs commencent à glisser les uns sur les autres. On peut donc considérer la partie de maçonnerie CDEF, comprise entre la naissance EF et le joint au 30° CD, comme étant un massif destiné à contre-bouter la poussée de la voûte; nous le désignerons sous le nom de *culée*.

Lorsqu'il s'agira de plusieurs arches, le massif de maçonnerie ILKZPQJ, compris entre la naissance commune KL et les joints à 30° PZ IJ de deux arches consécutives, n'a plus à remplir l'office de culée, si l'on suppose toutefois les arches de même ouverture, car la poussée des deux voûtes vient s'y contre-balancer. Nous ne lui appliquerons plus, en conséquence, cette dénomination et nous le désignerons sous le nom de *pile*.

Lorsque les arches comporteront des pieds-droits, les pieds-droits extrêmes prendront le nom de *pieds-droits de culée*, et les pieds-droits intermédiaires, le nom de *pieds-droits de pile*.

10. Ces définitions posées, pour déterminer le profil d'une ou plusieurs arches de pont, on commencera par déterminer l'épaisseur du joint à la clef AB, l'épaisseur du joint à 30° CD, l'épaisseur d'une culée EF, et, s'il y a lieu, l'épaisseur d'une pile KL. Si le pont comporte des

pieds-droits, ceux-ci auront, ainsi que leurs fondations, mêmes épaisseurs que les culées et piles correspondantes; si le pont ne comporte pas de pieds-droits, les fondations des culées et des piles auront mêmes épaisseurs que les culées et les piles.

Le profil extérieur de la voûte ou son extrados, sera déterminé par un arc de cercle DAP passant par les extrémités D A P des joints à la clef et à 30°. Le profil extérieur d'une culée sera déterminé par une série de retraites partant de l'extrémité de la naissance F et aboutissant à l'extrémité D du joint à 30°. Le profil extérieur d'une pile, entre les joints à 30° PZ IJ de deux arches consécutives, sera déterminé par un arc JQP semblable à celui de l'extrados de la voûte, mais dont la convexité serait tournée en sens inverse.

On place ordinairement sous les arches de pont, un pavé ou radier en maçonnerie à deux pentes inclinées vers l'axe de l'ouvrage, et qui est destiné à préserver le lit du cours d'eau des affouillements. On recouvre également l'extrados des arches d'une chape en mortier, pour préserver les maçonneries de l'infiltration des eaux pluviales. La section de ces ouvrages, qui se lie intimement à celle de l'arche, en est une conséquence immédiate.

L'extrados des arches de pont, dans sa forme actuelle, ne paraît pas susceptible de recevoir la voie. Il faudra en effet, ainsi que nous l'avons dit plus haut (§ 1er), le rendre horizontal. Cette nécessité fait déjà prévoir qu'on aura à considérer la surface qui serait déterminée par l'extrados des arches FDAPQJC'D'F', par une horizontale menée à une distance des sommets indéterminée mais supérieure à l'épaisseur de la chape, et par deux verticales menées à l'arrière des culées. Cette surface YFDAPQJC'D'F'X que nous nommerons les *tympans* du pont, peut se décomposer en deux autres : l'une composée du rectangle XYA'B' situé au-dessus des voûtes, sera désignée sous le nom de *tympan au-dessus des arches*; l'autre A'B'F'D'C'QADF composée du reste de la section, prendra le nom de *tympan des arches*. Dans cette dernière section, nous désignerons même, pour en distinguer les différentes parties, par *tympan de culée*, la section A'G'DF située au-dessus des retraites; par *tympan de la voûte*, la section G'DAPK' qui est située au-dessus de l'arc d'extrados de la voûte; par *tympan de pile*, la section K'PQJL' qui est située au-dessus de l'arc d'extrados d'une pile.

11. La surface de la section des fondations, la surface de la section des arches et la surface de la section des tympans formant les éléments principaux du cube d'une voûte de pont, on peut les déterminer préalablement à toute considération. Il faudra, toutefois, considérer la hauteur du tympan au-dessus des voûtes comme une variable, car cette hauteur n'est pas constante dans toutes les positions de l'axe.

Soit:

- r le rayon de l'intrados, OB;
- m le nombre des arches;
- c l'épaisseur à la clef, AB;
- j l'épaisseur du joint à 30°, CD;
- B l'épaisseur des culées, EF;
- b l'épaisseur d'une pile, KL.

On en déduira facilement ainsi que nous le verrons plus tard :

- C demi-corde de l'arc d'extrados, DH;
- F flèche de l'arc d'extrados, AH;
- R rayon de l'arc d'extrados, AM;
- A demi-arc d'extrados, AD;
- i demi-arc d'intrados, BE;
- d distance des centres d'extrados et d'intrados, OM;
- h hauteur cumulée des retraites de culées, DG;
- l largeur cumulée des retraites de culées, FG;
- C, demi-corde de l'arc d'extrados des piles, PR';
- F, flèche de l'arc d'extrados des piles, QR';
- R, rayon de l'arc d'extrados des piles, NQ;
- A, demi-arc d'extrados des piles, PQ.

Soit en outre :

- f la profondeur des fondations, RS;
- q la hauteur du radier, RT;
- p la pente par mètre du radier vers l'axe;
- H la hauteur des pieds-droits, ER;
- n le nombre des retraites de culées;
- k la hauteur de la chape, AU;
- x la hauteur du tympan au-dessus du sommet de la chape, UV.

Les calculs à faire pour obtenir les surfaces que nous cherchons seront indiqués par le tableau suivant :

DÉSIGNATION DES SURFACES.	NOMBRE des PARTIES semblables.	LONGUEUR.	LARGEUR ou HAUTEUR.
SECTION DES FONDATIONS.			
Section des fondations des pieds-droits de culées.......	2	B	f
Section des fondations des pieds-droits de piles........	$m-1$	b	f
Section de l'emplacement du radier..................	m	$2r$	$g+\frac{pr}{2}$
Section totale...........................			
SECTION DES ARCHES.			
Section des pieds-droits de culées avec les fondations..	2	B	$H+f$
Section des pieds-droits de piles avec les fondations....	$m-1$	b	$H+f$
Section du radier...............	m	$2r$	g
Section des culées..................................	«	C	$\frac{h}{2}$
A déduire............................	«	$\frac{i}{3}$	$\frac{r}{2}$
Reste......................			
A ajouter.............................	«	l	$\frac{h}{2}$
Total......................			
A ajouter..............................	«	l	$\frac{h}{2n}$
Total et section des culées..............	2		
Section des piles..................................	«	C	$\frac{h}{2}$
A déduire............................	«	$\frac{i}{3}$	$\frac{r}{2}$
Reste......................			
A ajouter.............................	«	C_1	h
Total......................			
A ajouter..............................	«	C_1	$\frac{R_1-F_1}{2}$
Total..............			
A déduire..............................	«	A_1	$\frac{R_1}{2}$
Reste et section des piles...............	$2(m-1)$		
Section des voûtes..................................	«	A	$\frac{R}{2}$
A déduire.	«	$\frac{2i}{3}$	$\frac{r}{2}$
Reste,.....................			
A déduire..............................	«	d	$\frac{C}{2}$
Reste et section des voûtes...............	$2m$		
Section totale.............			

DÉSIGNATION DES SURFACES.	NOMBRE des PARTIES semblables	LONGUEUR.	LARGEUR ou HAUTEUR.
SECTION DES TYMPANS.			
Section des tympans des culées........................	«	l	$F+\frac{h}{2}$
A déduire................................	«	l	$\frac{h}{2n}$
Reste et section des tympans des culées...	2		
Section des tympans des piles.........................	«	C_1	F
A ajouter................................	«	A_1	$\frac{R_1}{2}$
Total.....................			
A déduire................................	«	C_1	$\frac{R_1-F_1}{2}$
Reste et section des tympans des piles....	$2(m-1)$		
Section des tympans des voûtes........................	«	C	$\frac{F+R}{2}$
A déduire................................	«	A	$\frac{R}{2}$
Reste et section des tympans des voûtes ..	$2m$		
Section des tympans au-dessus........................	«	$2B-b+m(b+2r)$	$x+k$
Section totale..............			

Nous désignerons dans tout ce qui suivra ces trois sections par les lettres D M X.

12. Quand on a déterminé pour un pont, les trois sections ci-dessus, on peut considérer la question de l'établissement de ses voûtes comme entièrement traitée. En effet la section des fondations et celle de l'arche resteront constantes, quelle que soit la position de cet axe, en se répétant parallèlement à elles-mêmes sur toute sa longueur. Quant à la section des tympans elle est, il est vrai, variable si la hauteur x est variable, comme lorsqu'il s'agit d'une voûte inclinée; mais dans tous les cas elle suit une gradation constante et parfaitement déterminée. De même pour obtenir les divers cubes des voûtes, il suffirait de remplacer la surface variable des tympans par une surface fixe, celle de la section moyenne, et de multiplier alors les trois sections par des épaisseurs respectives. Il ne reste donc à fixer pour terminer l'établissement de la voûte, que les dimensions dans le sens de la longueur du berceau. Mais il est évident que ces lignes, qui sont indépendantes de la section, dépendront uniquement, pour une position donnée d'axe, du profil extérieur de la route. Leur examen rentre donc dans la question du raccordement des voûtes avec la route, question qui n'est autre que l'établissement définitif du pont, et que nous allons examiner dans l'article suivant.

ARTICLE 2. — Des ponts à plein-cintre.

13. Qu'une route soit soutenue par des murs ou par des remblais, le profil extérieur de ses côtés n'en est pas moins un talus. On distingue les talus de deux manières : si on les rapporte

tous à une même unité de hauteur, on les distingue par leurs bases ou *fruit* que nous désignerons par la lettre générique *t*; si on les rapporte tous à une même unité de base, on les distingue alors par leur hauteur ou leur *pente par mètre*, que nous désignerons par T.

14. Lorsqu'un pont devra être établi *entre talus de murs de soutènement*, on fera pénétrer les arches dans les murs de soutènement, de façon que le plan de leurs têtes se confonde avec le parement en talus du mur. Cette disposition très-simple, qui est indiquée par la planche II et qui peut avoir lieu quelle que soit la position de l'axe, n'exige l'emploi de la pierre de taille que pour les chaînes d'angles des pieds-droits et des voussoirs des têtes. Les chaînes d'angles des pieds-droits sont alors appareillées alternativement à boutisses et à carreaux; quant aux voussoirs, ils ne reçoivent cette disposition que sous les arches, leur face de tête est appareillée parallèlement avec l'épaisseur d'un carreau.

Lorsqu'un pont devra être établi *entre talus de remblais*, on pourrait lui appliquer la disposition que nous venons d'indiquer. Il suffirait en effet de remplacer à l'emplacement du pont le le talus du remblai, par un mur de soutènement d'une longueur suffisante pour empêcher que les remblais ne vinsent obstruer les ouvertures du pont; mais une pareille disposition entraînerait souvent une trop grande construction de maçonnerie, et il sera préférable de l'abandonner pour suivre celle qui est indiquée par la planche II.

Pour établir un pont entre talus de remblais suivant cette dernière disposition, on arrêtera la construction des arches à une certaine distance de leur rencontre avec le parement du talus, et l'on en établira les têtes avec le fruit qu'on donne ordinairement aux maçonneries, en y plaçant des chaînes d'angles en pierre de taille appareillées comme dans le cas précédent. On élèvera deux murs sur les têtes de l'extrados, pour contenir les remblais des tympans des arches. On construira également de chaque côté des têtes de l'ouvrage, deux autres murs dits *murs en retour*, d'une longueur suffisante pour empêcher les remblais de venir obstruer les ouvertures et pour permettre aux terres de s'arrondir en quart de cône au devant de la maçonnerie. Toute la maçonnerie des têtes sera ensuite recouverte d'un cordon en pierre de taille, sur lequel viendra s'appuyer le parement du talus de remblai interrompu par la construction.

15. Nous allons maintenant nous occuper des méthodes qui servent à cuber chacune de ces deux espèces d'ouvrages, suivant une position donnée de l'axe de la voûte par rapport à l'axe de la route. Mais comme on ne construit jamais un pont sans avoir à en établir les abords, il convient de distinguer auparavant les parties de la route, hors de l'emplacement du pont, où les cubages se feront d'après les règles ordinaires, des parties de la route occupées par le pont ou ses dépendances, qui exigeront des méthodes particulières.

On sait comment on procède aux calculs d'établissement d'une route.

Lorsqu'on a rapporté le *profil en long* pris sur l'axe de la nouvelle voie de communication à ouvrir et que l'on a arrêté le nouveau profil en long que l'on veut donner à cette voie, on connaît en chacun des points du tracé, la hauteur dont cette voie, après l'exécution, sera abaissée ou exhaussée au-dessous du terrain naturel. Les nombres qui expriment les abaissements ou les exhaussements portent respectivement les noms de *côtes de déblai* et de *côtes de remblai*.

Des *profils en travers* perpendiculaires à l'axe du profil en long, font connaître la forme du terrain naturel à gauche et à droite de cet axe; et, lorsqu'on a adopté des formes de profils en travers ou *gabarits* particuliers pour la voie de communication à ouvrir, en dessinant ces gabarits dans la position indiquée par la côte de déblai ou de remblai, sur la figure des profils en travers du terrain naturel, on obtient une superficie des surfaces de déblai, de remblai et de maçonnerie de murs de soutènement, qui correspondent à ces profils.

C'est de la mesure de ces superficies que l'on déduit immédiatement les volumes de déblais, de remblais, de maçonnerie à faire pour exécuter la route, et, par suite, toutes les autres opérations nécessaires pour son établissement.

Puisque les profils en travers d'une route sont les éléments naturels de sa méthode d'établissement, il s'ensuit donc que cette méthode cesse d'être applicable dès que ces profils en travers sont modifiés par une cause quelconque. On devrait donc, en règle générale, *dès que le profil en travers des abords d'un pont est modifié par la rencontre de l'ouvrage ou de ses dépendances, placer un profil en travers en ce point, et dès que les modifications disparaissent en placer un autre : hors de ces deux profils les calculs d'établissement se feraient comme à l'ordinaire; entre, comme nous l'indiquerons par la suite.*

Lorsqu'un pont doit être construit entre murs de soutènement, le profil de la route n'est modifié qu'à la rencontre de ses culées. On peut supposer sans inconvénient, que cette modification du profil n'a même lieu qu'au point où l'axe de la route rencontre les culées. Lorsque cette modification a lieu en effet avant ce point, comme dans la construction d'un pont biais, il y a alors, en déplaçant le profil au point indiqué, une compensation facile à saisir, entre les déblais, remblais et maçonneries ajoutés et retranchés, par ce déplacement, des cubes correspondants de la route. L'hypothèse ci-dessus et donc parfaitement réalisable, *et l'on placera en conséquence dans tous les cas de ponts entre murs de soutènement, les profils dont il a été parlé, aux points de rencontre de l'axe de la route avec les parements extérieurs des culées.*

Lorsqu'un pont doit être établi entre talus de remblai, on devrait, d'après ce que nous avons dit plus haut, placer les deux profils aux points où le profil en travers de la route commence et cesse d'être modifié par la rencontre des murs en retour de l'ouvrage; mais en agissant ainsi, on ne ferait que compliquer sans nécessité le cubage du pont. Il est facile, sans erreur bien sensible, de suivre, pour le placement des profils comprenant les ponts entre talus de remblais, la même règle que nous avons indiquée pour les ponts entre murs de soutènement. Si l'on remarque en effet que dans un pont entre talus de remblais, les murs en retour ne sont qu'une conséquence de l'ouvrage lui-même et de l'inclinaison du talus adopté pour les remblais, on voit qu'il est facile d'en déduire les dimensions de ces murs ou de leurs parties constituantes, et par suite leurs cubes. Si l'on applique alors la règle indiquée ci-dessus pour le placement des profils, il n'en résultera dans le cubage de la route qu'un excédant de remblai parfaitement négligeable : celui qui serait équivalent à l'espace occupé par la partie hors fondations des murs en retour et au complément des quarts de cônes situés au devant. On peut donc sans difficulté, suivre pour les ponts entre talus de remblais la règle indiquée, *c'est-à-dire placer les profils aux points de rencontre de l'axe de la route avec le parement extérieur des culées.*

16. Pour que cette dernière hypothèse puisse toutefois avoir lieu, il faut supposer que le sol occupé par l'emplacement du pont et des murs en retour, soit une surface plane réglée horizontalement parallèlement au sens de l'axe de la route. Sans cette disposition du sol, en effet, la profondeur des fondations des murs en retour ne serait plus une conséquence de la profondeur des fondations du pont, mais bien de la forme particulière du terrain. De plus, cette disposition du sol est nécessaire pour qu'on puisse établir des principes généraux dans le cubage des ponts. Lorsqu'elle n'aura pas lieu, il faudra donc l'obtenir, ce qui se fera facilement au moyen de déblais dits *déblais pour emplacement.* On se trouvera même quelquefois obligé de prolonger ces déblais hors des têtes du pont, pour permettre le libre passage des eaux; ils prendront alors le nom de *déblais pour dégagement.*

L'évaluation des déblais à faire pour l'emplacement d'un pont ou le dégagement de ses abords, se détermine facilement au moyen d'une méthode analogue à celle qui est employée pour le calcul des terrassements.

Supposons en effet en premier lieu qu'un pont dont la construction ne comporte pas de murs en retour, doive être établi au profil B d'un profil en long *afbgc* (pl. III, fig. 1). On commencera par déterminer les demi-largeurs EB BD de l'emplacement que devra occuper le pont et l'on placera en E et en D les deux profils en travers qui doivent comprendre la construction (§ 15).

En menant alors par le point b du terrain naturel une horizontale ed, on déterminera une section moyenne $febgd$ des déblais à faire pour emplacement, et en multipliant cette section moyenne par une épaisseur égale à celle des fondations de l'ouvrage, on obtiendra le cube des déblais à faire pour l'emplacement. Si les abords du pont avaient besoin d'être dégagés, on n'aurait qu'à multiplier cette section par une épaisseur supérieure.

L'ouvrage devra ensuite avoir l'inclinaison indiquée par la pente du terrain au profil en travers B. Si cette pente n'était pas régulière, ou si l'on voulait que le pont, malgré l'inclinaison du lit, fut horizontal, on reconnaîtrait à l'inspection du profil et en ayant égard aux dimensions de l'ouvrage, de combien il faudrait déblayer au point b pour remplir l'une ou l'autre de ces conditions. L'horizontale ebd du profil en long serait menée par un point $b_{,}$, au-dessous du point b, et deviendait $e_{,} b_{,} d_{,}$.

Supposons actuellement que la construction de l'ouvrage comporte des murs en retour. On suivra absolument la même règle et l'on déterminera sur le profil en long de chaque côté de l'ouvrage, une section que l'on considérera comme une moyenne entre les deux sections des déblais à faire pour l'emplacement de deux murs en retour correspondants. Pour cela, si $eh = dk$ est la longueur de ces murs en retour, on portera ces deux longueurs sur les prolongements de l'horizontale bd. On formera les deux sections $afeh$ $cgdk$ qu'il suffira de multiplier par le double de l'épaisseur des fondations des murs en retour, pour avoir un cube très-approximatif des déblais à faire pour l'emplacement de ces murs.

Lorsque la construction d'un pont nécessitera des déblais pour emplacement ou pour dégagement, la maçonnerie des murs qui l'accompagnent, soit murs de soutènement, soit murs en retour, devra toujours être descendue au-dessous de la surface inférieure des déblais. S'il en était autrement, on comprend en effet, que les rives pourraient s'ébouler ou être emportées au devant des têtes du pont et laisser la maçonnerie de ces murs à nu sans fondations. La meilleure règle à suivre pour éviter cet inconvénient, est de donner aux fondations de ces murs une profondeur au moins égale à celle des fondations du pont. Dans l'exécution pratique, on modifiera ensuite cette profondeur, si les circonstances locales le demandent.

17. Examinons actuellement les divers cas qui peuvent se présenter sous le rapport de la direction de l'axe, pour les ponts construits entre murs de soutènement ou entre talus de remblais, et pour cela désignons par $\beta\ \gamma\ \delta$ les trois dimensions d'équarrissage de la pierre de taille, β représentant la longueur du joint de la boutisse, γ celle du joint d'un carreau et δ la hauteur d'assise.

PONTS ENTRE MURS DE SOUTÈNEMENT.

Pont horizontal droit.

18. La largeur de l'emplacement occupé sur le profil en long sera, d'après ce que nous avons dit § 11, $2B-b+m\ (b+2r)$. Après le placement des profils et les déblais pour emplacement s'il y a lieu, on n'aura plus à déterminer pour la valeur des dimensions perpendiculaires à l'axe du pont, que la hauteur x du remblai au-dessus des chapes. On la déduira de la comparaison de la section du pont avec le profil en long de la route. Quant aux dimensions qui seront parallèles à cet axe, on les obtiendra ainsi que nous allons l'expliquer.

Les murs de soutènement sont ordinairement déterminés par leur épaisseur au sommet que nous représenterons par E et par leur fruit par mètre, tant intérieur qu'extérieur t (§ 13). L'épaisseur y d'un mur de soutènement en un point situé à une distance z au-dessous du sommet sera donc $y=E+2zt$ (1).

D'un autre côté, si L est la largeur de la voie, l'épaisseur y de la route en un point situé également à une distance z au-dessous du plan de la voie, sera donnée par la formule $y=L+2zt$ (2).

Au moyen des deux formules (1) et (2) employées, soit séparément, soit simultanément, on pourra donc connaître la valeur de toutes dimensions transversales, puisque z n'est qu'une variable qui s'exprimera en fonction de dimensions déjà déterminées par la section.

19. Le cube d'un pont entre murs de soutènement, horizontal droit, s'établira alors ainsi que l'indique le tableau ci-dessous. Comme on établit ordinairement au-dessus des ponts construits entre ces murs, des parapets en maçonnerie recouverts d'un chaperon en mortier, nous les comprendrons dans le cube du pont, en désignant leur épaisseur par e et leur hauteur d'appui par a.

DÉSIGNATION DES CUBES, SURFACES ET LONGUEURS.	NOMBRE des PARTIES semblables.	DIMENSIONS PERPENDICULAIRES à l'axe du pont. Longueurs ou largeurs.	Hauteurs.	SECTIONS	DIMENSIONS PARALLÈLES A L'AXE DU PONT. — Épaisseurs.
Déblais.					
Déblais pour fondations............	«	«	«	D	$L+2(x+k+c+r+H+f)t$
Maçonnerie en moellons.					
1° Arches........................	«	«	«	M	$L+2\left(x+k+\frac{c+r+H+f}{2}\right)t$
2° Tympans......................	2	«	«	X	$E+2\left(\frac{x+k}{2}+\frac{r+c}{3}\right)t$
3° Parapets......................	2	$2B-b+m(b+2r)$	a	«	e
Total................					
A déduire le cube de la pierre de taille comme ci-après :					
Reste................					
Maçonnerie en pierre de taille.					
Pieds-droits......................	$2m$	$\beta+\gamma$	$H+f$	«	$\frac{\beta+\gamma}{2}$
Voussoirs.........................	$2m$	«	«	$\pi\gamma\left(r+\frac{\gamma}{2}\right)$	$\frac{\beta+\gamma}{2}$
Total...............					
Surface de taillage.					
Pieds-droits......................	$2m$	$2(\beta+\gamma)$	$H+f$		
Voussoirs (face verticale).........	$2m$	«	«	$\pi\gamma\left(r+\frac{\gamma}{2}\right)$	
Voussoirs (face au-dessous des arches)	$2m$	$2i$	$\frac{\beta+\gamma}{2}$		
Total...............					
Chape.					
Au-dessus des voûtes..............	«	$2mA+2(m-1)A,$	k	«	$L-2E-2\left(x+\frac{k+F}{2}\right)t$
Chaperon.					
Pour couronnement des parapets....	2	$2B-b+m(b+2r)$			
Remblais.					
Section des tympans...............	«	«	«	X	
A déduire celle de la chape.........	«	$2mA+2(m-1)A,$	k	«	
Reste et cube...	«	»	«	«	$L-2E-2\left(\frac{x+k}{2}+\frac{\gamma+c}{3}\right)t$

Pont horizontal biais.

20. Il est facile de transformer le tableau précédent en un autre donnant le cube d'un pont biais.

Si nous considérons d'abord les cubes, on sait que le cube d'un prisme oblique s'obtient en multipliant la section perpendiculaire à l'axe oblique, par la longueur de cet axe. La section d'un pont biais ou oblique devant s'établir dans un plan perpendiculaire à son axe, et toute section restant par conséquent constante et indépendante du biais de l'ouvrage, il résulte du principe précédent que pour opérer la transformation des cubes, il suffit de remplacer leurs épaisseurs par les nouvelles valeurs qu'elles ont acquises à la suite du biaisement. Ce biaisement ayant lieu suivant un même angle, il suffira pour faire cette opération, de multiplier ces dimensions, dans le tableau du cube des ponts droits, par un coefficient constant K exprimant dans un triangle rectangle dont l'un des angles serait l'angle du biais, le rapport de l'hypothénuse au côté adjacent à cet angle.

Quant aux surfaces et aux longueurs, on reconnaîtra facilement que pour opérer la transformation indiquée, il suffira de multiplier par K leurs parties biaisées.

21. Les règles que nous venons de donner pour la transformation d'un pont droit en un pont biais, pourraient être considérées comme générales; cependant elles éprouvent une exception en ce qui concerne la pierre de taille. Elles conduiraient en effet à des modifications très-sensibles dans la régularité de l'appareil, et notamment pour les voussoirs qui ne seraient plus extradossés parallèlement. Pour conserver l'appareil adopté, il sera mieux d'appliquer les dimensions d'équarrissage sur le biais même, et alors le cube de la pierre de taille et la surface de taillage devront être disposés ainsi que l'indique le tableau suivant :

DÉSIGNATION DES CUBES, SURFACES ET LONGUEURS.	NOMBRE des PARTIES semblables.	DIMENSIONS PERPENDICULAIRES à l'axe du pont.		SECTIONS.	DIMENSIONS PARALLÈLES A L'AXE.
		Longueurs ou largeurs	Hauteurs.		Epaisseurs.
Maçonnerie en pierre de taille.					
Pieds-droits..........................	$2m$	$\beta+\gamma$	$H+f$	α	$\frac{\beta+\gamma}{2K}$
Voussoirs..............................	$2m$	α	α	$\pi\gamma\left(\frac{rK+r+\gamma}{2}\right)$	$\frac{\beta+\gamma}{2K}$
Total.....					
Surface de taillage.					
Pieds-droits..........................	$2m$	$2(\beta+\gamma)$	$H+f$		
Voussoirs (face verticale)..........	$2m$	α	α	$\pi\gamma\left(\frac{rK+r+\gamma}{2}\right)$	
Voussoirs (face au-dessous des arches)	$2m$	$2i$	$\frac{\beta+\gamma}{2}$		
Total.....					

c'est-à-dire qu'il suffit de remplacer dans le tableau précédent l'anneau circulaire par l'anneau elliptique, et de diviser les troisièmes dimensions du cube de la pierre de taille par K.

22. Ainsi donc pour transformer le tableau précédent en un tableau donnant le cube d'un pont biais, il faudra donc : 1° *multiplier par* K *toutes les troisièmes dimensions ou épaisseurs des cubes autres que celui de la pierre de taille*; 2° *faire la substitution indiquée*; 3° *multiplier également par* K *les longueurs biaisées*, *c'est-à-dire la longueur des parapets ou celle de l'emplacement occupé par l'ouvrage sur le profil en long*. En faisant $K = 1$ dans ce nouveau tableau, on devra retomber sur le précédent.

Pont incliné droit.

23. On sait que le cube d'un prisme oblique peut s'obtenir en multipliant la base oblique par la projection de la longueur oblique sur une perpendiculaire à cette base, ou mieux, par la hauteur du prisme. La section d'un pont incliné s'établissant toujours dans un plan vertical perpendiculaire à la direction de l'axe, il résulte du principe précédent que pour transformer le cube d'un pont horizontal droit en un cube de pont incliné droit, il faudra d'abord remplacer dans le premier, toute épaisseur de cube incliné telle que AB (pl. III, fig. 2), par une dimension CD, projection horizontale de EF inclinaison de AB à l'angle voulu.

Pour faire cette opération, on commencera par remplacer l'angle d'inclinaison par sa pente par mètre que nous désignerons par P. Si nous désignons ensuite AB par $2d$, AC par x, CE par y, BD par x' et FD par y', nous aurons en nous rappelant que la pente par mètre du talus extérieur est représentée par T (§ 13), les deux systèmes d'équations suivants :

$$y = (d + x)\,P \quad \text{et} \quad y' = (d - x')\,P$$
$$y = x\,T \qquad\qquad y' = x'\,T$$

d'où l'on tire :

$$x = \frac{d\,P}{T - P} \quad \text{et} \quad x' = \frac{d\,P}{T + P}$$

La nouvelle dimension CD que nous désignerons par X, sera donc :

$$X = 2d + \frac{d\,P}{T - P} - \frac{d\,P}{T + P}$$

ou

$$X = 2\,d\left(\frac{T^2}{T^2 - P^2}\right)$$

On voit donc qu'on obtiendra les nouvelles épaisseurs des cubes transversaux ou s'étendant d'une tête à l'autre du pont incliné, en multipliant les dimensions transversales correspondantes à ces cubes dans un pont droit, par le coefficient $\frac{T^2}{T^2 - P^2}$ facile à calculer.

Pour le cube des murs des tympans, on sait que ce cube s'obtient au moyen de la valeur variable x. Cette valeur n'est plus ici constante comme dans les ponts horizontaux, mais il est facile de la déterminer dans une position donnée, au moyen de la pente par mètre P de l'ouvrage et des éléments de la route. Pour avoir le cube de la maçonnerie de chaque mur de tympan, il suffira donc de donner à x la nouvelle valeur qui correspondra à chacun d'eux. Cette valeur de x est $x + P\left(\frac{L - E}{2}\right)$ pour le tympan d'aval, et $x - P\left(\frac{L - E}{2}\right)$ pour le tympan d'amont : la variable x ne représentant plus dans ces nouvelles valeurs, que la hauteur moyenne du remblai (pl. III, fig. 3).

Pour le cube du remblai on pourrait conserver le même cube que pour les ponts horizontaux. En passant d'un pont horizontal à un pont incliné, on modifierait bien un peu, il est vrai, le cube du remblai ; mais cette modification serait sans aucune importance et parfaitement négligeable. Toutefois pour la rendre aussi minime que possible, on peut forcer l'épaisseur du remblai en inclinant la ligne qui la représente.

24. Les règles que nous venons de donner laissent en dehors, le cube auxiliaire de la pierre de taille et la surface du taillage. On pourrait à la rigueur, en supposant les dimensions d'équarrissage appliquées horizontalement, conserver les mêmes cubes et surfaces que pour les ponts droits, car ces cubes et surfaces ne changeraient pas. Mais si l'on veut, comme pour les ponts biais, conserver identiquement l'appareil adopté, il sera mieux d'appliquer l'équarrissage sur l'inclinaison elle-même, et il faudra alors modifier les cubes ou surfaces précitées, ainsi que l'indique le tableau ci-dessous dans lequel la lettre Q représentera le coefficient biais K' correspondant à l'angle d'inclinaison (§ 20).

DÉSIGNATION DES CUBES, SURFACES ET LONGUEURS.	NOMBRE des PARTIES semblables.	DIMENSIONS PERPENDICULAIRES à l'axe du pont.		SECTIONS	DIMENSIONS PARALLÈLES A L'AXE. — Epaisseurs.
		Longueurs ou largeurs.	Hauteurs.		
Maçonnerie en pierre de taille.					
Pieds-droits......................	$2m$	$\beta+\gamma$	$H+f$		$\frac{\beta+\gamma}{2Q}$
Voussoirs........................	$2m$	α	α	$\pi\gamma\left(r+\frac{\gamma}{2}\right)$	$\frac{\beta+\gamma}{2Q}$
Total...............					
Surface de taillage.					
Pieds-droits......................	$2m$	$\beta+\gamma+\frac{\beta+\gamma}{Q}$	$H+f$		
Voussoirs (face verticale)..........	$2m$	α	α	$\pi\gamma\left(r+\frac{\gamma}{2}\right)$	
Voussoirs (face au-dessous des arches)	$2m$	$2i$	$\frac{\beta+\gamma}{2Q}$		
Total...............					

25. Ainsi donc pour transformer le tableau précédent (§ 19) en un tableau donnant le cube d'un pont incliné droit, il faudra donc : 1° *multiplier par le coefficient* $\frac{T^2}{T^2 - P^2}$ *toutes les épaisseurs des cubes autres que ceux des tympans et de la pierre de taille*; 2° *remplacer dans la section et dans l'épaisseur des murs des tympans, c'est-à-dire dans leur cube, la valeur* x *par* $x + P\frac{(L-E)}{2}$ *et* $x - P\frac{(L-E)}{2}$; 3° *faire la substitution indiquée pour le cube et la surface de la pierre de taille*. En faisant $P = o$, auquel cas $Q = 1$, dans ce nouveau tableau, on devra retomber sur l'autre.

Si par cas l'on voulait avoir la longueur de la dimension incliné AB, on remarquera qu'il suffirait de multiplier sa projection horizontale X, par le coefficient biais Q correspondant à l'angle d'inclinaison.

Pont incliné biais.

26. Pour passer du cube d'un pont incliné droit au cube d'un pont incliné biais, il n'y a qu'à suivre la même règle que pour passer du cube d'un pont horizontal droit au cube d'un

pont horizontal biais, c'est-à-dire qu'il faudra dans tous les cubes du pont incliné droit autres que le cube particulier de la pierre de taille, multiplier les épaisseurs par un coefficient constant K correspondant à l'angle du biais (§ 20); les diverses longueurs nécessaires, comme la largeur de l'emplacement occupé sur le profil en long, devront être également multipliées par K. Pour justifier l'application de cette règle, il suffit en effet de remarquer que les diverses épaisseurs des cubes inclinés ou non inclinés du pont incliné droit, mises en mouvement par le biaisement de l'ouvrage, se meuvent dans des plans horizontaux. Elles ne doivent donc subir que les modifications résultant du biaisement, opération tout-à-fait indépendante du nouveau degré d'inclinaison de l'ouvrage.

On peut démontrer ceci d'une autre manière.

Soit $2d$ la dimension transversale d'un cube qui doit être incliné et biaisé, comme AB du cas précédent. Biaisons-la d'abord et inclinons-la ensuite. Il faudra en premier lieu la multiplier par le coefficient K correspondant au biais; l'incliner ensuite en la multipliant par un coefficient $\frac{T'^2}{T'^2 - P'^2}$, correspondant aux nouveaux angles d'inclinaison du terrain ainsi que du talus des murs, et dont il est facile de calculer les éléments T' et P'. Soient en effet h h' b b' les hauteurs et les bases des talus ou inclinaisons T et P, on aura (§ 13) $T = \frac{h}{b}$ et $P = \frac{h'}{b'}$. Après le biaisement de l'ouvrage, T sera devenu T' et P sera devenu P'. Ces nouvelles valeurs seront respectivement égales à $\frac{h}{b\,K}$ $\frac{h'}{b'\,K}$, puisque les bases seules des talus T P ont été biaisées et que leurs hauteurs restent constantes pendant cette opération. On aura donc $T' = \frac{h}{b\,K}$ $P' = \frac{h'}{b'\,K}$. Le coefficient d'inclinaison $\frac{T'^2}{T'^2 - P'^2}$ devient donc :

$$\frac{\frac{h^2}{b^2\,K^2}}{\frac{h^2}{b^2\,K^2} - \frac{h'^2}{b'^2\,K^2}} = \frac{\frac{h^2}{b^2}}{\frac{h^2}{b} - \frac{h'^2}{b'^2}} = \frac{T^2}{T^2 - P^2}$$

c'est-à-dire que ce coefficient d'inclinaison reste constant. La nouvelle dimension, ou plutôt sa projection horizontale sera donc $2d \times K \times \frac{T^2}{T^2 - P^2}$ ou $\left(2d \times \frac{T^2}{T^2 - P^2}\right) K$, ce qui confirme bien la première partie de la règle pour les cubes inclinés et biaisés, puisque les sections de ces cubes restent constantes quelle que soit la direction de l'axe.

Considérons à présent un cube qui ne doit être que biaisé, celui du mur du tympan d'aval, par exemple. L'épaisseur moyenne d'un tympan de hauteur z dans un pont horizontal droit, est $E + zt$, et dans un pont horizontal biais $(E + zt)\,K$. De même dans le pont horizontal biais, L est devenu $L' = LK$, E est devenu $E' = EK$ et P est devenu $P' = \frac{h'}{b'\,K}$. Pour avoir l'épaisseur du tympan d'aval d'un pont incliné biais, il faudra donc remplacer dans l'expression $(E + zt)\,K$, z par sa nouvelle valeur (23) $z + \frac{h'}{b'\,K}\left(\frac{LK - EK}{2}\right)$ ce qui donne :

$$\left[E + \left\{z + \frac{h'}{b'\,K}\left(\frac{LK - EK}{2}\right)\right\} t\right] K = \left\{E + \left(z + \frac{P\,(L - E)}{2}\right) t\right\} K$$

ce qui confirme également la première partie de la règle pour les autres cubes.

La seconde partie de la règle est trop évidente pour demander une autre démonstration.

27. Quant à la pierre de taille, si l'on veut conserver le même appareil, il faudra appliquer l'équarrissage suivant la direction de l'axe du pont, et en modifier alors le cube et la surface ainsi qu'il est indiqué par le tableau ci-après, dans lequel Q′ représente le coefficient biais K′ (20) correspondant à l'angle dont la pente par mètre serait représentée par le rapport de l'inclinaison au biais, c'est-à-dire par $\frac{P}{K}$:

DÉSIGNATION DES CUBES, SURFACES ET LONGUEURS.	NOMBRE des PARTIES semblables.	DIMENSIONS PERPENDICULAIRES à l'axe du pont.		SECTIONS.	DIMENSIONS PARALLÈLES A L'AXE — Epaisseurs.
		Longueurs ou Largeurs.	Hauteurs.		
Maçonnerie en pierre de taille.					
Pieds-droits	$2m$	$\beta+\gamma$	$H+f$		$\frac{\beta+\gamma}{2KQ'}$
Voussoirs	$2m$	«	«	$\frac{\pi\gamma(rK+r+\gamma)}{2}$	$\frac{\beta+\gamma}{2KQ'}$
Total					
Surface de taillage.					
Pieds-droits	$2m$	$\beta+\gamma+\frac{\beta+\gamma}{Q'}$	$H+f$		
Voussoirs (face verticale)	$2m$	«	«	$\frac{\pi\gamma(rK+r+\gamma)}{2}$	
Voussoirs (face au-dessous des arches)	$2m$	$2i$	$\frac{\beta+\gamma}{2Q'}$		
Total					

28. Ainsi donc pour transformer le cube d'un pont incliné droit en un cube de pont incliné biais, il faudra : 1° *multiplier par* K *toutes les épaisseurs des cubes autres que celui de la pierre de taille*; 2° *faire la substitution indiquée pour le cube et la surface de taillage de la pierre de taille*; 3° *multiplier également par* K *les longueurs biaisées*. Le tableau qu'on obtiendra ainsi renfermera tous les cas de la construction des ponts entre murs de soutènement, car il suffira d'y faire

$$K = 1 \text{ auquel cas } Q' = Q$$
$$Q' = 1$$
$$Q' = 1 \text{ et } K = 1$$

pour retomber sur les trois autres tableaux précédemment obtenus. L'on pourra conserver dans ce tableau la lettre Q en place de Q′, mais il faudra alors se rappeler que cette lettre représente le coefficient biais correspondant à l'angle dont la pente par mètre serait représentée par $\frac{P}{K}$ et non plus seulement par P.

Si par cas l'on voulait avoir la longueur d'une dimension inclinée et biaisée, il faudrait après avoir multiplié la dimension droite par $\frac{T^2}{T^2 - P^2}K$, la multiplier encore par le coefficient biais Q′ ou Q.

PONTS ENTRE TALUS DE REMBLAIS.

Pont horizontal droit.

29. La largeur de l'emplacement occupé par le pont sur le profil en long, sera toujours $2\,B - b + m\,(b + 2\,r)$. Quant à celle occupée sur le même profil par l'un des murs en retour, elle sera, si l'on désigne par t_2 le fruit du talus des terres, $t_2\,(\delta + k + c + r + H) - B$.

Après le placement des profils en travers derrière les culées et l'évaluation des déblais à faire soit pour l'emplacement du pont ou des murs en retours, soit pour le dégagement des abords de l'ouvrage, il ne restera plus à déterminer pour la valeur des dimensions perpendiculaires à l'axe du pont, que la hauteur x des tympans et la hauteur du remblai à exécuter au-dessus du pont pour le raccorder avec la voie. La hauteur des tympans $x + k$ sera évidemment égale à $\delta + k$, si l'on suppose le cordon placé au niveau du sommet de la chape, et si l'on ne donne à ce cordon que la hauteur d'une assise en pierre de taille δ. Quant à la hauteur du remblai à faire au-dessus du pont pour le raccorder avec la voie, hauteur que nous désignerons par x', elle se déduira de la comparaison de la section du pont avec le profil en long de la route.

Les dimensions parallèles à l'axe du pont s'obtiendront d'une manière analogue à celle que nous avons indiquée au § 18, par la combinaison des trois formules :

$$y = L + 2\,t_2\,u$$
$$y = (L + 2\,t_2\,x') + 2\,t\,v$$
$$y = E + 2\,t\,z$$

dans lesquelles t représente comme auparavant le fruit du talus des maçonneries, et t_2 le fruit du talus des remblais, $u\ v\ z$ exprimant les côtes de hauteurs variables.

30. Le cube d'un pont entre talus de remblai, horizontal et droit, s'obtiendra alors ainsi qu'il est indiqué par le tableau ci-après :

DÉSIGNATION DES CUBES, SURFACES ET LONGUEURS.	NOMBRE des PARTIES semblables.	DIMENSIONS PERPENDICULAIRES A L'AXE. Longueurs.	Hauteurs.	SECTIONS	DIMENSIONS PARALLÈLES A L'AXE DU PONT — Épaisseurs.
Déblais.					
Fondations du pont........	«	«	«	D	$L+2t_2x'+2(\delta+k+c+r+H$ [illegible]
Fondations des murs en retour	2	$2\{t_2(\delta+k+c+r+H)-B\}$	f	«	$E+2(\delta+k+c+r+H+f)t$
Total.......					
Maçonnerie en moellons.					
Arches.....................	«	«	«	M	$L+2t_2x'+2\left(\delta+k+\frac{c+r+H}{2}\right.$ [illegible]
Tympans...................	2	«	«	X avec $x=\delta$	$E+2\left(\frac{\delta+k}{2}+\frac{r+c}{2}\right)t$
Murs en retour...........	2	$2\{t_2(\delta+k+c+r+H)-B\}$	$\delta+k+c+r+H+f$	«	$E+2\left(\frac{\delta+k+c+r+H+f}{2}\right)$ [illegible]
Total......					
A déduire la pierre de taille comme ci-après :					
Reste......					

DÉSIGNATION CUBES, SURFACES ET LONGUEURS.	NOMBRE des PARTIES semblables.	DIMENSIONS PERPENDICULAIRES A L'AXE. Longueurs.	 Hauteurs.	SECTIONS	DIMENSIONS PARALLÈLES A L'AXE DU PONT. Épaisseurs.
…çonnerie en pierre de taille.					
…ds-droits	$2m$	$\beta+\gamma$	$H+f$	«	$\frac{\beta+\gamma}{2}$
…ussoirs	$2m$	«	«	$\pi\gamma\left(r+\frac{\gamma}{2}\right)$	$\frac{\beta+\gamma}{2}$
…rdon	$2m$	$m(b+2r)-b+2t_2(\delta+k+c+r+H)$	δ	«	$E+\delta t$
Total......					
Surface de taillage.					
…ds-droits..............	$2m$	$2(\beta+\gamma)$	$H+f$		
…ussoirs (face verticale)........	$2m$	«	«	$\pi\gamma\left(r+\frac{\gamma}{2}\right)$	
…ussoirs (face au-dessous des arches)..	$2m$	$2i$	$\frac{\beta+\gamma}{2}$		
…rdon	2	$m(b+2r)-b+2t_2(\delta+k+c+r+H)$	δ		
Total......					
Chape.					
…-dessus des voûtes.......	«	$2mA+2(m-1)A_1$	k		$L+2t_2x'-2E-2\left(\delta+\frac{k+F}{2}\right)t$
Remblai.					
…mpans.					
Section des tympans.....	«	«	«	X avec $x=\delta$	
A déduire celle de la chape	«	$2mA+2(m-1)A_1$	k		
Reste et cube..	«	«	«	«	$L+2t_2x'-2E-2\left(\frac{\delta+k}{2}+\frac{r+c}{3}\right)t$
…-dessus du pont.........	«	$2B-b+m(b+2r)$	x'	«	$L+t_2x'$
Total......					

Pont horizontal biais.

31. Pour passer du cube d'un pont horizontal droit entre talus de remblai, au cube d'un pont horizontal biais, il faut distinguer les deux parties constitutives du pont : le pont proprement dit, les murs en retour. Pour le pont proprement dit, il n'y aura qu'à appliquer les mêmes règles que pour les ponts entre murs de soutènement (§ 20). Quant aux murs en retour il n'y aura rien à modifier dans leur cube, car les dimensions de ces murs ne dépendant que de l'inclinaison des talus de remblai et de la hauteur de l'ouvrage, ne sauraient être modifiées par le biaisement de ce dernier.

32. Le cube auxiliaire de la pierre de taille et sa surface de taillage devront être modifiés comme il a été dit au § 21. Il faudra en outre modifier ainsi que l'indique le tableau ci-dessous, le cube

et la surface de taillage du cordon. Ce dernier est en effet composé de deux parties : l'une au-dessus du pont, qui se biaise avec lui ; l'autre au-dessus des murs de soutènement, qui reste fixe comme eux.

DÉSIGNATION DES CUBES, SURFACES ET LONGUEURS.	NOMBRE des PARTIES semblables.	DIMENSIONS PERPENDICULAIRES A L'AXE. Longueurs.	Hauteurs	DIMENSIONS PARALLÈLES A L'AXE. Epaisseurs.
Cube du cordon				
— au-dessus du pont.......	2	$2B-b+m(b+2r)$	δ	$(E+\delta t)K$
— au-dessus des murs......	2	$2\{t_1(\delta+k+c+r+H)-B\}$	δ	$E+\delta t$
Total.......				
Taillage du cordon............				
— au-dessus du pont....	2	$\{2B-b+m(b+2r)\}K$	δ	
— au-dessus des murs...	2	$2\{t_2(\delta+k+c+r+H)-B\}$	δ	
Total..... ..				

Pont incliné droit.

33. Pour transformer un pont horizontal droit entre talus de remblai en un pont incliné droit, il est facile de voir d'après l'inspection de la figure 4 (pl. III), qu'il faudra augmenter les épaisseurs des cubes à incliner du pont droit, d'une quantité constante et égale à AC — BD, et chercher ensuite les projections de ces lignes inclinées à l'angle voulu, suivant le talus des maçonneries.

Pour trouver la différence AC — BD, représentons AB par $2d$, AE par x, CE par x', BF par z, DF par z', EG par y, FH par u. Si nous représentons alors par TT_2 et P les pentes par mètre des talus de maçonnerie, de remblai et du terrain, nous aurons les deux systèmes d'équations :

$$y = x\,T_2 \qquad u = z\,T_2$$
$$y = x'\,T \qquad u = z'\,T$$
$$y = (d + x)\,P \qquad u = (d - z)\,P$$

d'où l'on tire

$$x = \frac{d\,P}{T_2 - P} \quad \text{et} \quad z = \frac{d\,P}{T_2 + P}$$

$$x' = \frac{d\,P}{T_2 - P} \times \frac{T_2}{T} \qquad z' = \frac{d\,P}{T_2 + P} \times \frac{T_2}{T}.$$

on a alors :

$$AC - BD = (x - x') - (z - z') = \frac{d\,P}{T_2 - P} - \frac{d\,P}{T_2 - P} \times \frac{T_2}{T} - \frac{d\,P}{T_2 + P} + \frac{d\,P}{T_2 + P} \times \frac{T_2}{T}$$

$$= 2\,d\left(1 - \frac{T_2}{T}\right)\left(\frac{P^2}{T_2^2 - P^2}\right)$$

et comme $2\,d = L + 2\,t_2\,x$ (§ 29.)

$$= (L + 2\,t_2\,x)\left(1 - \frac{T_2}{T}\right)\left(\frac{P^2}{T_2^2 - P^2}\right).$$

Cette différence trouvée, si X désigne dans le pont droit, une des épaisseurs considérées, cette dimension deviendra dans le pont incliné :

$$\left\{ X + (L + 2\, t_2\, x) \left(1 - \frac{T_2}{T}\right) \left(\frac{P^2}{T_2^2 - P^2}\right) \right\} \frac{T^2}{T^2 - P^2}$$

Il est à remarquer que la hauteur des tympans ne changeant pas et par suite leur épaisseur, ce cube reste invariable (pl. IV, fig. 5).

34. On fera pour la pierre de taille la substitution indiquée au § 24.

Pont incliné biais.

35. Pour passer du cube d'un pont incliné droit au cube d'un pont incliné biais, il n'y aura qu'à laisser invariable le cube des murs en retour ainsi que nous l'avons dit § 34, et suivre ensuite les règles que nous avons indiquées au § 26, c'est-à-dire multiplier par le coefficient du biais K toutes les épaisseurs ou projections d'épaisseurs des cubes biaisés.

36. Il faudra également pour le cube de la pierre de taille et la surface du taillage, faire les substitutions indiquées aux paragraphes 27 et 32.

ARTICLE 3. — Du cintrement.

37. Dans les deux articles précédents nous avons parlé de l'établissement général des ponts à plein-cintre. Avant de passer à l'application pratique des règles que nous avons données pour cet établissement, il convient de s'occuper de la question accessoire du *cintrement.*

On sait que lorsqu'on établit une voûte quelconque, on est obligé de la construire sur un échafaudage en charpente dont la surface extérieure représente la forme que doit recevoir l'intrados de la voûte. Pour les voûtes cylindriques, cet échafaudage se compose de fermes ou *cintres* ayant extérieurement la même courbure que la voûte, qui sont placés à intervalles égaux, dans des plans verticaux perpendiculaires à l'axe de la voûte ; ces fermes reliées entre elles au moyen de pièces parallèles à l'axe et qu'on nomme *liernes*, sont recouvertes d'autres pièces nommées *couchis*, qui dessinent la forme de l'intrados, et sur lesquelles viennent par conséquent se reposer les voussoirs.

38. Les cintres pour les ponts à plein-cintre de grandeur ordinaire, se composent ordinairement de deux arbalétriers **ab** (pl. I) réunis par un poinçon **ae** et un *faux-entrait* **cd.** Des doubles *moises* **cg** et **df** servent à supporter les *veaux* **bg**, **ga**, **af**, pièces de bois courbes boulonnées avec elles et dessinant la forme du cintre.

Les dimensions des différentes pièces qui composent un cintre, dépendent seulement de la grandeur de l'ouverture de la voûte. Il n'en est pas de même des liernes et des couchis : la longueur de ces dernières pièces ne dépend en effet uniquement que de la longueur de l'axe du berceau, et par conséquent de la forme extérieure du pont. Nous ne nous occuperons donc actuellement que de cette dernière dimension.

39. D'après ce que nous avons dit paragraphes 18, 22, 25, 28 et suivants, il est clair que si on suppose les liernes placées au point **e** de chaque ferme, leur longueur ou ce qui revient au même la longueur moyenne des couchis, sera :

pour les ponts entre murs de soutènement

horizontaux droits... $\left\{ L+2\left(x+k+c+\frac{r}{2}\right)t \right\}$

id. biais.... $K\left\{ L+2\left(x+k+c+\frac{r}{2}\right)t \right\}$

inclinés droits..... $\left\{ L+2\left(x+k+c+\frac{r}{2}\right)t \right\} \frac{T^2}{T^2-P^2}Q$

id. biais....... $K\left\{ L+2\left(x+k+c+\frac{r}{2}\right)t \right\} \frac{T^2}{T^2-P^2}Q'$

et pour les ponts entre talus en remblai

horizontaux droits. $\left\{ L+2t_2x+2\left(\delta+k+c+\frac{r}{2}\right)t \right\}$

id. biais.. $K\left\{ L+2t_2x+2\left(\delta+k+c+\frac{r}{2}\right)t \right\}$

inclinés droits..... $\left\{ L+2t_2x+2\left(\delta+k+c+\frac{r}{2}\right)t+(L+2t_2x)\left(1-\frac{T_2}{T}\right)\left(\frac{P^2}{T_2^2-P_2}\right) \right\} \frac{T^2}{T^2-P^2}Q$

id. biais.. $K\left\{ L+2t_2x+2\left(\delta+k+c+\frac{r}{2}\right)t+(L+2t_2x)\left(1-\frac{T_2}{T}\right)\left(\frac{P^2}{T_2^2-P^2}\right) \right\} \frac{T^2}{T^2-P^2}Q'$

40. Le nombre des fermes employées pour un cintrement, sera évidemment égal au quotient de la projection horizontale de la lierne par l'espacement de deux fermes, augmenté d'une unité. Si nous désignons par s cet espacement, on pourra exprimer d'une manière générale le nombre des fermes qui doivent entrer dans un cintrement. Ce sera :

pour les ponts entre murs de soutènement... $\dfrac{K\left\{ L+2\left(x+k+c+\frac{r}{2}\right)t \right\} \frac{T^2}{T^2-P^2}}{s}+1$

et pour les ponts entre talus en remblai

$$\frac{K\left\{ L+2t_2x+2\left(\delta+k+c+\frac{r}{2}\right)t+(L+2t_2x)\left(1-\frac{T_2}{T}\right)\left(\frac{P^2}{T_2^2-P^2}\right) \right\} \frac{T^2}{T^2-P^2}}{s}+1.$$

On ne devra prendre que la partie entière de ce résultat, soit par défaut, soit par excès.

SECTION DEUXIÈME.

APPLICATIONS PRATIQUES.

ARTICLE Ier. — Détermination des dimensions des parties constituantes d'un pont.

Détermination des dimensions de la voûte et de ses parties accessoires.

41. Nous prendrons dans les ponts à plein-cintre pour l'épaisseur des voûtes à la clef c, l'épaisseur minimum d'une maçonnerie 0, 25 augmentée du $\frac{1}{10}$ de l'ouverture; pour l'épaisseur du joint à 30°, le double de l'épaisseur à la clef 2 c; pour l'épaisseur d'un pied-droit de culée, le mini-

mum d'épaisseur d'un mur 0, 60, augmenté du $\frac{1}{5}$ de l'ouverture (1). Quant à l'épaisseur d'un pied-droit de pile, comme il doit être assez large pour recevoir les retombées de deux voûtes minimum adjacentes, nous admettrons une quantité constante 0, 94, et nous ajouterons à cette quantité les $\frac{28}{100}$ de l'ouverture. On aura donc les formules suivantes :

$$c = 0,25 + 0,10\,r$$
$$j = 0,50 + 0,20\,r$$
$$B = 0,60 + 0,40\,r$$
$$b = 0,94 + 0,28\,r$$

pour déterminer les éléments de la voûte.

Ces formules sont très-convenables lorsque l'ouverture du pont ne dépasse pas 10 mètres, et les pieds-droits peuvent alors être montés en toute sécurité, sauf les conditions de résistance à l'écrasement, jusqu'à une hauteur d'environ 5 mètres. Lorsque l'ouverture du pont est supérieure à 10 mètres, ces formules donnent des dimensions un peu fortes.

Il faut toutefois remarquer que l'épaisseur d'un pied-droit de pile, sera beaucoup plus considérable pour un pont d'un mètre d'ouverture, que ne l'exigent les conditions d'équilibre. Il sera peut-être mieux alors de remplacer le pont par un aqueduc.

42. Les formules ci-dessus et les corrélations qui existent dans les angles de 60° et 120°, entre la corde et l'arc, et qui donnent les côtés du triangle équilatéral et de l'hexagone inscrit, nous permettent de calculer facilement en fonction du rayon, les lignes auxiliaires qui doivent servir au calcul de la section de la voûte. On aura ainsi :

$$C = 0,43 + 1,04\,r$$
$$F = 0,00 + 0,50\,r$$
$$R = 0,90 + 1,33\,r + 0,18\frac{1}{r}$$
$$A = 0,39 + 1,19\,r$$
$$i = 0,00 + 1,57\,r$$
$$d = 0,65 + 0,23\,r + 0,18\frac{1}{r}$$
$$h = 0,25 + 0,60\,r$$
$$l = 0,17 + 0,36\,r$$
$$C_1 = \frac{b - 2\,(B - l)}{2} = 0,04 + 0,10\,r$$
$$F_1 = F \times \frac{C_1}{C} = F \times 0,10 = 0,00 + 0,05\,r$$
$$R_1 = R \times \frac{C_1}{C} = R \times 0,10 = 0,09 + 0,13\,r + 0,01\frac{1}{r}$$
$$A_1 = A \times \frac{C_1}{C} = A \times 0,10 = 0,04 + 0,12\,r$$

la valeur de A n'est toutefois exacte que lorsque r n'est pas supérieur à 10. Au-delà elle n'est plus qu'approximative.

43. Pour achever de déterminer les dimensions des autres parties accessoires de la voûte, nous assignerons une valeur à chacune d'elles, excepté cependant à H que nous laisserons indéterminé. Ces valeurs qui pourront toutefois être modifiées suivant les circonstances, seront :

$$f = 0,40 + 0,20\,r$$
$$g = 0,40$$
$$p = 0,05$$
$$n = r \text{ (partie entière de)}$$
$$k = 0,10$$

(1) L'épaisseur d'un pied-droit de voûte dépendant de l'ouverture de la voûte et de la hauteur du pied-droit, devrait s'exprimer en fonction de r et de H ; mais comme la hauteur des pieds-droits des ponts est généralement limitée, nous avons supposé à ces pieds-droits, afin de simplifier autant que possible les calculs, une épaisseur uniforme pour chaque ouverture de voûte.

Détermination des dimensions de la route.

44. Nous supposerons la largeur de la route L indéterminée, et nous ne fixerons par conséquent que ses autres dimensions qui sont au reste indépendantes de la largeur.

Les murs de soutènement peuvent être construits au mortier ou à pierres sèches. On leur donne communément 0, 60 d'épaisseur et un fruit tant extérieur qu'intérieur, mais racheté dans ce dernier cas par des retraites, qui est de $\frac{1}{10}$ pour les murs au mortier, et de $\frac{1}{6}$ pour les murs à pierres sèches. Lorsqu'on établit des parapets au-dessus de ces murs, la hauteur de ces parapets est de 0, 70, et leur épaisseur de 0, 40.

Lorsque la route est soutenue par un remblai, le talus de ce dernier est plus ou moins incliné suivant le degré de consistance des terres qui le composent. On emploie communément dans les routes, les talus de 1 de base pour 1 de hauteur, et de 1, 50 de base pour 1 de hauteur.

D'après ce que nous venons de dire, on aura donc :

Pour les murs de soutènement au mortier.........	$E = 0,60$	$t = 0,10$	$T = 10$
Pour les murs de soutènement à pierres sèches.....	$E = 0,60$	$t = 0,166$	$T = 6$
Pour les parapets...............................	$a = 0,70$	$e = 0,40$	
Pour les talus en remblai à 1 de base pour 1 de hauteur.....	$t_1 = 1$		$T_1 = 1$
Pour les talus en remblai à 1, 50 de base pour 1 de hauteur..	$t_1 = 1,50$		$T_1 = 0,666$

Détermination des dimensions de la pierre de taille.

45. L'équarrissage que nous adopterons pour l'appareil en pierre de taille, sera le suivant :

$$6 = 0,25 + 0,10\,r$$
$$\gamma = 0,15 + 0,10\,r$$

la hauteur d'assise δ sera prise égale à 0, 30.

Détermination des dimensions des cintres.

46. D'après les corrélations qui existent entre les diverses lignes correspondantes à des arcs de 45° et 90°, il sera facile de voir qu'on aura, si l'on représente par a' e' p' m' v' les longueurs respectives de l'arbalétrier, du faux entrait, du poinçon, d'une moise et d'un veau :

$$a' = 1,41\,r$$
$$e' = 1,00\,r$$
$$p' = 0,50\,r$$
$$m' = 0,30\,r$$
$$v' = 0,76\,r$$

L'équarrissage de ces différentes pièces sera donné par la formule :

$$Q_1 = 0,10 + 0,03\,r$$

Les moises et les veaux n'ont ordinairement qu'une demi-épaisseur.

La hauteur de la courbure des veaux c' sera donnée par la formule :

$$c' = 0,07\,r$$

47. La largeur des couchis l' est égale à la demi-circonférence. On aura donc :

$$l' = 3,14\,r$$

Leur équarrissage sera donné par la formule :

$$q' = 0,05 + 0,01\,r$$

48. Les fermes reposent ordinairement sur des semelles en bois, lesquelles sont appuyées elles-mêmes sur des corbeaux en pierre qu'on fait disparaître après l'exécution de l'ouvrage. La largeur d'une semelle s', pour que les pieds des arbalétriers puissent s'y reposer, devra être :

$$s' = 1,41\,Q_1 = 0,14 + 0,04\,r$$

On prendra une dimension supérieure, $s' + 0,10$ par exemple. Leur épaisseur devra être un peu supérieure à Q_1, $Q_1 + 0,10$ par exemple. Quant à leur hauteur, il suffira de la prendre égale à q', équarrissage d'un couchis.

49. Les fermes avec les épaisseurs ci-dessus, devront être espacées de 1, 50 au plus. Elles seront réunies par deux liernes.

Il faudra cinq boulons par ferme : quatre pour boulonner les moises avec la ferme et les veaux ; un pour boulonner chaque ferme avec les liernes.

ARTICLE 2. — Applications.

50. En substituant les valeurs qui précèdent dans les tableaux dont nous avons indiqué la formation à la première section de ce chapitre, on pourrait former deux tableaux donnant, l'un le cube des ponts entre murs de soutènement, l'autre le cube des ponts entre talus de remblais. Ces deux tableaux pourraient même à la rigueur être fondus en un seul, mais pour en rendre l'application plus facile, nous avons cru devoir au contraire, scinder chacun d'eux en deux autres. Les ponts peuvent en effet se diviser généralement en deux classes : les ponts proprement dits, à une ou plusieurs arches, situés sur des cours d'eau d'une certaine importance ; les ponceaux ou ponts d'un petit débouché, à une seule arche, établis sur de faibles ruisseaux ou sur des ravins comme il s'en rencontre à tous moments dans les pays de montagnes. L'axe des premiers se trouve toujours horizontal, qu'ils soient droits ou biais ; mais l'axe des seconds peut prendre une position quelconque. Nous avons établi pour chacune des deux catégories de ponts, deux tableaux : l'un donne les ponts d'un nombre quelconque d'arches à axe horizontal ; l'autre donne les ponceaux ou ponts à une seule arche avec un axe de position quelconque. Nous avons donc en tout quatre tableaux. Ces tableaux renferment les vingt-quatre cas suivants :

Ponts à plein-cintre entre murs de soutènement					
à un nombre quelconque d'arches		à une seule arche			
horizontal		horizontal		incliné	
droit	biais	droit	biais	droit	biais
avec $t=0{,}10$ $t=0{,}16$	$t=0{,}10$ $t=0{,}16$	$t=0{,}10$ $t=0{,}16$	$t=0{,}10$ $t=0{,}16$	$t=0{,}10$ $t=0{,}16$	$t=0{,}10$ $t=0{,}16$

Ponts à plein-cintre entre talus en remblai					
à un nombre quelconque d'arches		à une seule arche			
horizontal		horizontal		incliné	
droit	biais	droit	biais	droit	biais
avec $t_1=1$ $t_2=1{,}50$	$t_1=1$ $t_2=1{,}50$	$t_1=1$ $t_2=1{,}50$	$t_1=1$ $t_2=1{,}50$	$t_1=1$ $t_2=1{,}50$	$t_1=1$ $t_2=1{,}50$

A ces quatre tableaux nous en avons joints deux autres donnant le cube du cintrement des vingt-quatre espèces de ponts ci-dessus désignés. Une table placée à la suite, donne les valeurs de K et de P.

51. En désignant par O la côte de hauteur des profils en long et en travers après les déblais d'emplacement, on déterminera H et m en raison de O et du débouché. On déduira la valeur de x de celles de H et de O au moyen des formules données pour chaque tableau. Il n'y aura ensuite qu'à substituer ces valeurs et celles de L r K et P correspondant au cas que l'on considère.

Largeur de l'emplacement occupé sur le profil en long.

}0,26+0,52r+m(0,94+2,28r)}K

Valeur de x en fonction de H et de la côte O du profil en long.

x=O—(H+1,10r+0,35)

32. TABLEAU N° 1.

PONT A PLEIN-CINTRE.

entre murs de soutènement, horizontal, droit ou biais

à une ou plusieurs arches.

DÉSIGNATION des cubes, surfaces et longueurs.	NOMBRE des parties semblables.	LONGUEURS.	LARGEURS.	ÉPAISSEURS. avec t = 0,40.	ÉPAISSEURS. avec t = 0,166.
Déblais.					
Section des culées	2	0,60+0,40r	0,40+0,20r		
Section des piles	m—1	0,94+0,28r	0,40+0,20r		
Section du radier	m	2r	0,40+0,03r		
Section totale et cube	«	«	«	(L+0,15+0,26r+0,20H+0,20x)K	(L+0,24+0,42r+0,33H+0,33x)K
Maçonnerie en moellons.					
1° Arches.					
Section des pieds-droits de culées avec les fondations	2	0,60+0,40r	H+0,40+0,20r		
Section des pieds-droits de piles avec les fondations	m—1	0,94+0,28r	H+0,40+0,20r		
Section du radier	m	2r	0,40		
Section des culées	«	0,43+1,04r	0,13+0,30r		
A déduire	«	0,52r	0,50r		
Reste					
A ajouter	«	0,17+0,36r	0,13+0,30r		
Total					
A ajouter	«	0,17+0,36r	$\frac{1}{2}$(0,13+0,30r)		
Total et section des culées	2				
Section des piles		0,43+1,04r	0,13+0,30r		
A déduire	«	0,52r	0,50r		
Reste					
A ajouter	«	0,04+0,10r	0,23+0,60r		
Total					
A ajouter	«	0,04+0,10r	0,04+0,04r+0,01$\frac{1}{r}$		
Total					
A déduire	«	0,04+0,12r	0,04+0,06r+0,01$\frac{1}{r}$		
Reste et section des piles	2(m—1)				
Section des voûtes		0,39+1,19r	0,45+0,67r+0,09$\frac{1}{r}$		
A déduire	«	1,06r	0,30r		
Reste					
A déduire	«	0,65+0,23r+0,18$\frac{1}{r}$	0,22+0,52r		
Reste et section des voûtes	2m				
Section totale et cube des arches	«	«	«	(L+0,09+0,13r+0,10H+0,20x)K	(L+0,14+0,21r+0,16H+0,28x)K

DÉSIGNATION DES CUBES, SURFACES ET LONGUEURS.	NOMBRE des PARTIES semblables.	LONGUEURS.	LARGEURS.	ÉPAISSEURS avec t = 0,10.	ÉPAISSEURS avec t = 0,166.
2° Tympans.					
Section des tympans de culées..............	«	0,17+0,36r	0,13+0,80r		
A déduire....	«	0,17+0,36r	½(0,13+0,30r)		
Reste et section..................	2				
Section des tympans de piles..............	«	0,04+0,10r	0,50r		
A ajouter....	«	0,04+0,12r	0,04+0,06r+0,01 ½		
Total....					
A déduire....	«	0,04+0,10r	0,04+0,04r+0,01 ½		
Reste et section..............	2(m—1)				
Section des tympans de la voûte..............	«	0,43+1,04r	0,45+0,92r+0,09 ½		
A déduire....	«	0,39+1,19r	0,45+0,67r+0,09 ½		
Reste et section..............	2m				
Section des tympans au-dessus du pont........	«	0,26+0,52r+m(0,94+2,28r)	0,40+x		
Section totale et cube..........	2	«	«	(0,63+0,07r+0,10x)K	(0,64+0,12r+0,16x)K
3° Parapets.					
Au-dessus des tympans....................	2	0,26+0,52r+m(0,94+2,28r)	0,70	0,40K	0,40K
Total de la maçonnerie........					
A déduire la pierre de taille comme ci-après :					
Reste pour la maçonnerie en moellons..					
Maçonnerie en pierre de taille.					
Pieds-droits..............................	2m	0,40+0,20r	0,40+H+0,20r	$\frac{1}{K}$(0,20+0,10r)	$\frac{1}{K}$(0,20+0,10r)
Voussoirs................................	2m	0,47+0,31r	0,07+([illegible]+0,55)r	$\frac{1}{K}$(0,20+0,10r)	$\frac{1}{K}$(0,20+0,10r)
Total....					
Surface de taillage.					
Pieds-droits..............................	2m	0,80+0,40r	0,40+H+0,20r		
Voussoirs (face verticale)................	2m	0,47+0,31r	0,07+([illegible]+0,55)r		
Voussoirs (face au-dessous des arches)........	2m	3,14r	0,20+0,40r		
Total....					
Chape.					
Partie convexe............................	m	0,78+2,38r	0,10	(L—1,21—0,05r—0,20x)K	(L—1,21—0,08r—0,33x)K
Partie concave............................	m—1	0,08+0,24r			
Total					
Chaperon.					
Pour recouvrement des parapets..............	2	{0,26+0,52r+m(0,94+2,28r)}K			
Remblais.					
Section des tympans........................	«	«	«		
A déduire celle de la chape....					
Reste et cube..................	«	«	«	(L—1,23—0,07r—0,10x)K	(L—1,24—0,12r—0,16x)K

53. TABLEAU N° 2.

Largeur de l'emplacement occupé sur le profil en long.

(1,20+2,80r)K

PONCEAU A PLEIN-CINTRE

entre murs de soutènement, horizontal ou incliné, droit ou biais,

à une arche.

Valeur de x en fonction de H et de la côte O du profil en long.

x=O—(H+1,10r+0,35)

DÉSIGNATION DES CUBES, SURFACES ET LONGUEURS.	NOMBRE des PARTIES semblables.	LONGUEURS.	LARGEURS.	ÉPAISSEURS avec i = 0,10.	ÉPAISSEURS avec i = 0,166.
Déblais.					
Section des culées	2	0,60+0,40r	0,40+0,20r		
Section du radier	«	2r	0,40+0,08r		
Section totale et cube	«	«	«	$K(L+0,15+0,26r+0,20H+0,20x)\frac{100}{100-P^2}$	$K(L+0,24+0,42r+0,33H+0,33x)\frac{36}{36-P^2}$
Maçonnerie en moellons.					
1° Arche.					
Section des pieds-droits avec les fondations	2	0,60+0,40r	H+0,40+0,20r		
Section du radier	«	2r	0,40		
Section des culées	«	0,43+1,04r	0,13+0,30r		
A déduire	«	0,52r	0,50r		
Reste					
A ajouter	«	0,17+0,36r	0,13+0,30r		
Total					
A ajouter	«	0,47+0,36r	$\frac{1}{8}$(0,13+0,30r)		
Total et section des culées	2				
Section de la voûte	«	0,39+1,19r	0,45+0,07r+0,09$\frac{1}{r}$		
A déduire	«	1,05r	0,50r		
Reste					
A déduire	«	0,65+0,23r+0,18$\frac{1}{r}$	0,22+0,52r		
Reste et section de la voûte	2				
Section totale et cube de l'arche	«	«	«	$K(L+0,09+0,13r+0,10H+0,20x)\frac{100}{100-P^2}$	$K(L+0,14+0,21r+0,16H+0,33x)\frac{36}{36-P^2}$
2° Tympans.					
Tympan d'aval.					
Section des tympans des culées	«	0,17+0,36r	0,13+0,80r		
A déduire	«	0,17+0,36r	$\frac{1}{8}$(0,13+0,30r)		
Reste et section	2				
Section des tympans de la voûte	«	0,43+1,04r	0,45+0,92r+0,09$\frac{1}{r}$		
A déduire	«	0,39+1,19r	0,45+0,67r+0,09$\frac{1}{r}$		
Reste et section	2				
Section du tympan au-dessus du pont	«	1,20+2,80r	0,10+x+$\frac{r^2}{2}$-0,30P		
Section totale et cube	«	«	«	K(0,63+0,07r+0,10x+0,05PL—0,63P)	K(0,64+0,12r+0,16x+0,08PL—0,05P)

DÉSIGNATION DES CUBES, SURFACES ET LONGUEURS.	NOMBRE des PARTIES semblables.	LONGUEURS.	LARGEURS.	ÉPAISSEURS avec $t = 0,10$.	avec $t = 0,166$.
Tympan d'amont.					
Section des tympans de culées	«	0,17+0,36r	0,13+0,80r		
A déduire	«	0,17+0,36r	$\frac{1}{2}$(0,13+0,30r)		
Reste et section	2				
Section des tympans de la voûte	«	0,43+1,04r	0,43+0,92r+0,09$\frac{1}{2}$		
A déduire	«	0,39+1,19r	0,43+0,67r+0,09$\frac{1}{2}$		
Reste et section	2				
Section des tympans au-dessus du pont	«	1,20+2,80r	0,10+x−$\frac{PL}{2}$+0,30P	K(0,63+0,07r+0,10x−0,08PL+0,03P)	K(0,64+0,12r+0,16x−0,06PL+0,05P)
Section totale et cube	«	«	«		
2o Parapets.					
Au-dessus des tympans	2	1,20+2,80r	0,70	0,40	0,40
Total de la maçonnerie					
A déduire la pierre de taille comme ci-après :					
Reste pour la maçonnerie en moellons					
Maçonnerie en pierre de taille.					
Pieds-droits	2	0,40+0,20r	0,40+H+0,20r	$\frac{1}{KQ}$(0,20+0,10r)	$\frac{1}{KQ}$(0,20+0,10r
Voussoirs	2	0,47+0,31r	0,07+($\frac{\pi}{2}$+0,55)r	$\frac{1}{KQ}$(0,20+0,10r)	$\frac{1}{KQ}$(0,20+0,10r
Total					
Surface de taillage.					
Pieds-droits	2	0,40+0,20r+$\frac{1}{2}$(0,40+0,20r)	0,40+H+0,20r		
Voussoirs (face verticale)	2	0,47+0,31r	0,07+($\frac{\pi}{2}$+0,55)r		
Voussoirs (face au-dessous des arches)	2	3,14r	$\frac{1}{2}$0,20+0,10r		
Total					
Chape.					
Au-dessus de la voûte	«	0,78+2,38r	0,10	K(L−1,21−0,03r−0,20x)$\frac{100}{100-P^2}$	K(L−1,21−0,08r−0,23x)$\frac{36}{36-P^2}$
Chaperon.					
Au-dessus des parapets	2	K(1,20+2,80r)			
Remblais.					
Section des tympans des culées	«	0,17+0,36r	0,13+0,80r		
A déduire	«	0,17+0,36r	$\frac{1}{2}$(0,13+0,30r)		
Reste et section					
Section des tympans de la voûte	«	0,43+1,04r	0,43+0,92r+0,09$\frac{1}{2}$		
A déduire	«	0,39+1,19r	0,45+0,67r+0,09$\frac{1}{2}$		
Reste et section					
Section des tympans au-dessus du pont	«	1,20+2,80r	0,10+x		
Section totale					
A déduire celle de la chape					
Reste et cube	«	«	«	K(L−1,23−0,07r−0,10x)$\frac{100}{100-P^2}$	K(L−1,24−0,12r−0,14x)$\frac{36}{36-P^2}$

54. **TABLEAU N° 3.**

PONT A PLEIN-CINTRE

entre talus en remblai, horizontal, droit ou biais,

à une ou plusieurs arches.

Largeurs des emplacements occupés sur le profil en long.

Largeur du pont.......................... {0,26+0,52r+m(0,94+2,28r)} K
Largeur des murs en retour avec l_s = 1,00, (0,10+1,40r+2H)
Largeur des murs en retour avec l_s = 1,50, (0,75+2,50r+3H)

Valeur de x en fonction de H et de la côte O du profil en long.

x = O — (H+1,10r+0,85)

DÉSIGNATION DES CUBES, SURFACES ET LONGUEURS.	NOMBRE des PARTIES semblables.	LONGUEURS avec l_s = 1,00.	LONGUEURS avec l_s = 1,50.	LARGEURS.	ÉPAISSEURS avec l_s = 1,00.	ÉPAISSEURS avec l_s = 1,50.
Déblais.						
Section des culées..................	2	0,60+0,40r	0,60+0,40r	0,40+0,20r		
Section des piles..................	m — 1	0,94+0,28r	0,94+0,28r	0,40+0,20r		
Section du radier..................	m	2r	2r	0,40+0,03r		
Section totale et cube..	«	«	«	«	(L+0,31+0,26r+0,30H+2x)K	(L+0,21+0,26r+0,20H+3x)K
Fondations des murs en retour.......	2	0,10+1,40r+2H	0,75+2,50r+3H	0,40+0,20r	0,81+0,26r+0,20H	0,81+0,25r+0,20H
Maçonnerie en moellons.						
1° Arches.						
Section des pieds-droits de culées avec les fondations....................	2	0,60+0,40r	0,60+0,40r	H+0,40+0,20r		
Section des pieds-droits de piles avec les fondations....................	m — 1	0,24+0,28r	0,94+0,28r	H+0,40+0,20r		
Section du radier..................	m	2r	2r	0,40		
Section des culées..................	«	0,43+1,04r	0,43+1,04r	0,13+0,30r		
A déduire.....	«	0,52r	0,52r	0,50r		
Reste....						
A ajouter.....	«	0,17+0,36r	0,17+0,36r	0,13+0,30r		
Total....						
A ajouter.....	«	0,17+0,36r	0,17+0,38r	$\frac{1}{2}$(0,13+0,30)		
Total et section des culées.	2					
Section des piles..................	«	0,43+1,04r	0,43+1,04r	0,13+0,30r		
A déduire.....	«	0,52r	0,52r	0,50r		
Reste....						
A ajouter.....	«	0,04+0,40r	0,04+0,10r	0,25+0,60r		
Total....						
A ajouter.....	«	0,04+0,10r	0,04+0,40r	0,04+0,04r+0,01$\frac{1}{r}$		
Total....						
A déduire.....	«	0,04+0,12r	0,04+0,12r	0,04+0,06r+0,01$\frac{1}{r}$		
Reste et section des piles..	2(m — 1)					
Section de la voûte..................	«	0,39+1,19r	0,39+1,19r	0,45+0,67r+0,09$\frac{1}{r}$		
A déduire.....	«	1,05r	1,05r	0,50r		
Reste....						
A déduire.....	«	0,65+0,23r+0,18$\frac{1}{r}$	0,65+0,23r+0,18$\frac{1}{r}$	0,22+0,52r		
Reste et section de la voûte.	2m					
Section totale et cube.....	«	«	«	«	(L+0,14+0,13r+0,10H+2x)K	(L+0,14+0,13r+0,10H+3x)K

DÉSIGNATION DES CUBES, SURFACES ET LONGUEURS.	NOMBRE des PARTIES semblables.	LONGUEURS avec t_{a} = 1,00.	LONGUEURS avec t_{a} = 1,50.	LARGEURS.	ÉPAISSEURS avec t_{a} = 1,00.	ÉPAISSEURS avec t_{a} = 1,50.
2° Tympans.						
Section des tympans de culées.......	»	0,17+0,36r	0,17+0,36r	0,13+0,80r		
A déduire.....	»	0,17+0,36r	0,17+0,36r	$\frac{1}{2}$(0,13+0,30r)		
Reste et section.......	2					
Section des tympans de piles........	»	0,04+0,10r	0,04+0,10r	0,50r		
A ajouter.....	»	0,04+0,12r	0,04+0,12r	0,04+0,06r+0,01$\frac{1}{r}$		
Total....						
A déduire.....	»	0,04+0,10r	0,04+0,10r	0,04+0,04r+0,01$\frac{1}{r}$		
Reste et section.......	2(m−1)					
Section des tympans de la voûte....	»	0,43+1,04r	0,43+1,04r	0,45+0,92r+0,09$\frac{1}{r}$		
A déduire.....	»	0,39+1,19r	0,39+1,19r	0,45+0,67r+0,09$\frac{1}{r}$		
Reste et section.......	2m					
Section des tympans au-dessus du pont.	»	0,26+0,52r+m(0,94+2,28r)	0,26+0,52r+m(0,94+2,28r)	0,40		
Section totale et cube..	2	»	»	»	(0,66+0,07r)K	(0,56+0,07r)K
3° Murs en retour.						
Ensemble........................	2	0,10+1,40r+2H	0,75+2,50r+3H	1,05+1,30r+H	0,70+0,13r+0,10H	0,70+0,13r+0,10H
Total de la maçonnerie.						
A déduire la pierre de taille comme ci-après :						
Reste pour la maçonnerie en moellons						
Maçonnerie en pierre de taille.						
Pieds-droits.......................	2m	0,40+0,20r	0,40+0,20r	0,40+H+0,20r	$\frac{1}{K}$(0,20+0,10r)	$\frac{1}{K}$(0,20+0,10r)
Voussoirs..........................	2m	0,47+0,31r	0,47+0,31r	0,07+($\frac{K}{2}$+0,55)r	$\frac{1}{K}$(0,20+0,10r)	$\frac{1}{K}$(0,20+0,10r)
Cordon au-dessus du pont..........	2	0,26+0,52r+m(0,94+2,28r)	0,26+0,52r+m(0,94+2,28r)	0,30	0,63K	0,63K
Cordon au-dessus des murs.........	2	0,10+1,40r+2H	0,75+2,50r+3H	0,30	0,63	0,63
Total....						
Surface de taillage.						
Pieds-droits.......................	2m	0,80+0,40r	0,80+0,40r	0,40+H+0,20r		
Voussoirs (face verticale)...........	2m	0,47+0,31r	0,47+0,31r	0,07+($\frac{K}{2}$+0,55)r		
Voussoirs (face au-dessous des arches).	2m	3,14r	3,14r	0,20+0,10r		
Cordon au-dessus du pont..........	2	[0,26+0,52r+m(0,94+2,28r)]K	[0,26+0,52r+m(0,94+2,28r)]K	0,30		
Cordon au-dessus des murs.........	2	0,10+1,40r+2H	0,75+2,50r+3H	0,30		
Total ...						
Chape.						
Partie convexe.....................	m	0,78+2,38r	0,78+2,38r	0,10	(L−1,27−0,05r+2x)K	(L−1,27−0,05r+3x)K
Partie concave.....................	m − 1	0,08+0,24r	0,08+0,24r			
Total....						
Remblais.						
Remblai entre les tympans, section des tympans........................						
A déduire celle de la chape.						
Reste et cube...........	»	»	»	»	(L−1,26−0,07r+2x)K	(L−1,26−0,07r+3x)K
Remblai au-dessus de l'ouvrage.....	»	0,26+0,52r+m(0,94+2,28r)	0,26+0,52r+m(0,94+2,28r)	x	L+x	L+1,50x

55. TABLEAU N° 4.

PONCEAU PLEIN-CINTRE

entre talus en remblai, horizontal ou incliné, droit ou biais, à une arche.

Largeurs des emplacements occupés sur le profil en long.

Largeur du pont........................ = $(1,20+2,80r)K$

Largeur des murs en retour avec $t_1 = 1,00$, = $0,10+1,40r+2H$

Largeur des murs en retour avec $t_1 = 1,50$, = $0,75+2,50r+3H$

Valeur de x en fonction de H et de la côte O du profil en long.

$x = O-(H+1,10r+0,65)$

DÉSIGNATION des cubes, surfaces et longueurs.	NOMBRE des parties semblables.	LONGUEURS avec t_1 = 1,00.	LONGUEURS avec t_1 = 1,50.	LARGEURS.	ÉPAISSEURS avec t_1 = 1,00.	ÉPAISSEURS avec t_1 = 1,50.
Déblais.						
Section des culées........	2	$0,60+0,40r$	$0,60+0,40r$	$0,40+0,20r$		
Section du radier........	«	$2r$	$2r$	$0,40+0,03r$		
Section totale et cube.	«	«	«	«	$K\left\{L+0,21+0,26r+0,20H+2x+0,90(L+2x)\frac{P^2}{1-P^2}\right\}\frac{100}{100-P^2}$	$K\left\{L+0,21+0,26r+0,20H+3x+0,94(L+3x)\frac{P^2}{0,43-P^2}\right\}\frac{100}{100-P^2}$
Fondations des murs en retour...............	2	$0,10+1,40r+2H$	$0,75+2,50r+3H$	$0,40+0,20r$	$0,81+0,26r+0,20H$	$0,81+0,26r+0,20H$
Total....						
Maçonnerie en moellons.						
1° *Arche.*						
Section des pieds-droits avec les fondations..........	2	$0,60+0,40r$	$0,60+0,40r$	$H+0,40+0,20r$		
Section du radier.........	«	$2r$	$2r$	$0,40r$		
Section des culées........	«	$0,43+1,04r$	$0,43+1,04r$	$0,13+0,30r$		
A déduire..	«	$0,52r$	$0,52r$	$0,50r$		
Reste....						
A ajouter...	«	$0,17+0,36r$	$0,17+0,36r$	$0,13+0,30r$		
Total....						
A ajouter...	«	$0,17+0,36r$	$0,17+0,36r$	$\frac{1}{2}(0,13+0,30r)$		
Total et section.	2					
Section de la voûte......	«	$0,39+1,19r$	$0,39+1,19r$	$0,45+0,67r+0,09\frac{1}{r}$		
A déduire..	«	$1,05r$	$1,05r$	$0,50r$		
Reste....						
A déduire..	«	$0,65+0,23r+0,18\frac{1}{r}$	$0,65+0,23r+0,18\frac{1}{r}$	$0,22+0,52r$		
Reste et section.	2					
Section totale et cube.	«	«	«	«	$K\left\{L+0,14+0,13r+0,10H+2x+0,90(L+2x)\frac{P^2}{1-P^2}\right\}\frac{100}{100-P^2}$	$K\left\{L+0,14+0,13r+0,10H+3x+0,94(L+2x)\frac{P^2}{0,43-P^2}\right\}\frac{100}{100-P^2}$
2° Tympans						
Section des tympans de culées..................	«	$0,17+0,36r$	$0,17+0,36r$	$0,13+0,80r$		
A déduire..	«	$0,17+0,36r$	$0,17+0,36r$	$\frac{1}{2}(0,13+0,30r)$		
Reste et section.	2					
Section des tympans de la voûte..................	«	$0,43+1,04r$	$0,43+1,04r$	$0,45+0,92r+0,09\frac{1}{r}$		
A déduire..	«	$0,39+1,19r$	$0,39+1,19r$	$0,45+0,67r+0,09\frac{1}{r}$		
Reste et section.	2					
Section des tympans au-dessus du pont.........	«	$1,20+2,80r$	$1,20+2,80r$	$0,40$		
Section totale et cube.	2	«	«	«	$K(0,66+0,07r)$	$K(0,66+0,07r)$

DÉSIGNATION des CUBES, SURFACES ET LONGUEURS.	NOMBRE des PARTIES semblables.	LONGUEURS avec t_1 = 1,00.	LONGUEURS avec t_1 = 1,50.	LARGEURS.	ÉPAISSEURS avec t_1 = 1,00.	ÉPAISSEURS avec t_1 = 1,50.
3° Murs en retour.						
Ensemble	2	0,10+1,40r+2H	0,75+2,50r+3H	1,05+1,30r+H	0,70+0,13r+0,10H	0,70+0,13r+0,10H
Total de la maçonnerie.						
A déduire la pierre de taille ci-après :						
Reste pour la maçonnerie en moellons						
Maçonnerie en pierre de taille.						
Pieds-droits	2	0,10+0,20r	0,40+0,20r	0,40+H+0,20r	KQ (0,20+0,10r)	KQ (0,20+0,10r)
Voussoirs	2	0,47+0,31r	0,47+0,31r	0,07+($\frac{\pi}{4}$+0,55)r	KQ (0,20+0,10r)	KQ (0,20+0,10r)
Cordon (au-dessus du pont)	2	1,20+2,80r	1,20+2,80r	0,30	0,63K	0,63K
Cordon (au-dessus des murs)	2	0,10+1,40r+2H	0,75+2,50r+3H	0,30	0,63	0,63
Total						
Surface de taillage.						
Pieds-droits	2	0,40+0,20r+$\frac{1}{6}$(0,40+0,20r)	0,40+0,20r+$\frac{1}{6}$(0,40+0,20r)	0,40+H+0,20r		
Voussoirs (face verticale)	2	0,47+0,31r	0,47+0,31r	0,07+($\frac{\pi}{4}$+0,55)r		
Id. (au-dessous)	2	3,14r	3,14r	$\frac{1}{2}$(0,30+0,10r)		
Cordon (au-dessus du pont)	2	(1,20+2,80r)K	(1,20+2,80r)K	0,30		
Cordon (au-dessus des murs)	2	0,10+1,40r+2H	0,75+2,50r+3H	0,30		
Total						
Chape.						
Au-dessus de la voûte	«	0,78+2,38r	0,78+2,38r	0,10	$K\left\{L-1,27-0,05r+2x+0,90(L+2x)\frac{P^2}{1-P^2}\right\}\frac{100}{100-P^2}$	$K\left\{L-1,27-0,05r+3x+0,94(L+3x)\frac{P^2}{0,43-P^2}\right\}\frac{100}{100-P^2}$
Remblais.						
Remblai des tympans						
Section des tympans.						
A déduire celle de la chape.	«	0,78+2,38r	0,78+2,38r	0,10		
Reste et cube	«	«	«	«	$K\left\{L-1,26-0,07r+2x+0,90(L+2x)\frac{P^2}{1-P^2}\right\}\frac{100}{100-P^2}$	$K\left\{L-1,26-0,07r+3x+0,94(L+3x)\frac{P^2}{0,43-P^2}\right\}\frac{100}{100-P^2}$
Remblai au-dessus du pont	«	1,20+2,80r	1,20+2,80r	x	K(L+x)	K(L+1,50x)
Total						

56. TABLEAU Nº 5.

Cintrement d'une arche pour les ponts à plein-cintre, entre murs de soutènement.

La longueur de la lierne sera avec $t = 0,10$, $l_1 = K(L+0,07+0,12r+0,20x)\frac{100}{100-P^2}Q$

avec $t = 0,16$, $l_2 = K(L+0,11+0,19r+0,33x)\frac{36}{36-P^2}Q$

DÉSIGNATION des CUBES, SURFACES ET LONGUEURS.	NOMBRE DES PARTIES SEMBLABLES		LONGUEURS		LARGEURS.	ÉPAISSEURS.
	avec $t = 0,10$.	avec $t = 0,16$.	avec $t = 0,10$.	avec $t = 0,16$.		
Charpente.						
Pour une ferme						
Arbalétriers	2	2	$1,41r$	$1,41r$		
Faux entrait	1	1	r	r	$0,10+0,03r$	$0,10+0,03r$
Poinçon	1	1	$0,50r$	$0,50r$		
Moises	4	4	$0,30r$	$0,30r$	$0,10+0,03r$	
Vaux	4	4	$0,76r$	$0,76r$	$0,10+0,10r$	$0,05+0,02r$
Semelles	2	2	$0,24+0,04r$	$0,24+0,04r$	$0,20+0,03r$	
Total ...						
Fermes semblables	$\frac{l_1}{1,50\ Q}$	$\frac{l_2}{1,50\ Q}$				
Liernes	2	2	l_1	l_2	$0,10+0,03r$	$0,10+0,03r$
Couchis	1	1	l_1	l_2	$3,14r$	$0,05+0,02r$
Cube du bois pour cintre.						
Fers.						
Boulons avec écrous	$5\left(1+\frac{l_1}{1,50Q}\right)$	$5\left(1+\frac{l_2}{1,50Q}\right)$				

57. TABLEAU Nº 6.

Cintrement d'une arche pour les ponts à plein-cintre, entre talus de remblai.

La longueur de la lierne sera avec $t_1 = 1,00$, $l_1 = K\left\{L+0,13+0,12r+2x+0,90(L+2x)\frac{P^2}{1-P^2}\right\}\frac{100}{100-P^2}Q$

avec $t_2 = 1,50$, $l_2 = K\left\{L+0,13+0,12r+3x+0,94(L+3x)\frac{P^2}{0,43-P^2}\right\}\frac{100}{100-P^2}Q$

DÉSIGNATION des CUBES, SURFACES ET LONGUEURS.	NOMBRE DES PARTIES SEMBLABLES		LONGUEURS		LARGEURS.	ÉPAISSEURS.
	avec $t_1 = 1,00$.	avec $t_2 = 1,50$.	avec $t_1 = 1,00$.	avec $t_2 = 1,50$.		
Charpente.						
Pour une ferme (comme ci-dessus)						
Fermes semblables	$\frac{l_1}{1,50\ Q}$	$\frac{l_2}{1,50\ Q}$				
Liernes	2	2	l_1	l_2	$0,10+0,03r$	$0,10+0,03r$
Couchis	1	1	l_1	l_2	$3,14r$	$0,05+0,02r$
Cube du bois pour cintre.						
Fers.						
Boulons avec écrous	$5\left(1+\frac{l_1}{1,50Q}\right)$	$5\left(1+\frac{l_2}{1,50Q}\right)$				

58. TABLE

POUR LA TRANSFORMATION DES OUVRAGES DROITS EN OUVRAGES BIAIS ET DES OUVRAGES HORIZONTAUX EN OUVRAGES INCLINÉS.

ANGLES.		VALEUR DE K.	VALEUR DE P.	ANGLES.		VALEUR DE K.	VALEUR DE P.	ANGLES.		VALEUR DE K.	VALEUR DE P.	ANGLES.		VALEUR DE K.	VALEUR DE P.
Degrés.	Minutes.			Degrés.	Minutes.			Degrés.	Minutes.			Degrés.	Minutes.		
0	00	1,000	0,000	5	00	1,003	0,087	10	00	1,015	0,176	15	00	1,035	0,267
	10	1,000	0,002		10	1,004	0,090		10	1,015	0,179		10	1,036	0,271
	20	1,000	0,005		20	1,004	0,093		20	1,016	0,182		20	1,036	0,274
	30	1,000	0,008		30	1,004	0,096		30	1,017	0,185		30	1,037	0,277
	40	1,000	0,011		40	1,004	0,099		40	1,017	0,188		40	1,038	0,280
	50	1,000	0,014		50	1,005	0,102		50	1,018	0,191		50	1,039	0,283
1	00	1,001	0,017	6	00	1,005	0,105	11	00	1,018	0,194	16	00	1,040	0,286
	10	1,001	0,020		10	1,005	0,108		10	1,019	0,197		10	1,041	0,289
	20	1,001	0,023		20	1,006	0,110		20	1,019	0,200		20	1,042	0,293
	30	1,001	0,026		30	1,006	0,113		30	1,020	0,203		30	1,042	0,296
	40	1,001	0,029		40	1,006	0,116		40	1,021	0,206		40	1,043	0,299
	50	1,001	0,032		50	1,007	0,119		50	1,021	0,209		50	1,044	0,302
2	00	1,001	0,034	7	00	1,007	0,122	12	00	1,022	0,212	17	00	1,045	0,305
	10	1,001	0,037		10	1,007	0,125		10	1,022	0,215		10	1,046	0,308
	20	1,001	0,040		20	1,008	0,128		20	1,023	0,218		20	1,047	0,312
	30	1,001	0,043		30	1,008	0,131		30	1,024	0,221		30	1,048	0,315
	40	1,001	0,046		40	1,009	0,134		40	1,024	0,224		40	1,049	0,318
	50	1,001	0,049		50	1,009	0,137		50	1,025	0,227		50	1,050	0,321
3	00	1,001	0,052	8	00	1,009	0,140	13	00	1,026	0,230	18	00	1,051	0,324
	10	1,001	0,055		10	1,010	0 143		10	1,027	0,233		10	1,052	0,328
	20	1,001	0,058		20	1,010	0,146		20	1,027	0,237		20	1,053	0,331
	30	1,001	0,061		30	1,011	0,149		30	1,028	0,240		30	1,054	0,334
	40	1,002	0,064		40	1,011	0,152		40	1,029	0,243		40	1,055	0,337
	50	1,002	0,067		50	1,012	0,155		50	1,029	0,246		50	1,056	0,341
4	00	1,002	0,069	9	00	1,012	0,158	14	00	1,030	0,249	19	00	1,057	0,344
	10	1,002	0,072		10	1,012	0,161		10	1,031	0,252		10	1,058	0,347
	20	1,002	0,075		20	1,013	0,164		20	1,032	0,255		20	1,059	0,350
	30	1,003	0,078		30	1,013	0,167		30	1,032	0,258		30	1,060	0,354
	40	1,003	0,081		40	1,014	0,170		40	1,033	0,261		40	1,061	0,357
	50	1,003	0,084		50	1,014	0,173		50	1,034	0,264		50	1,063	0,360

ANGLES. Degrés.	ANGLES. Minutes.	VALEUR DE K.	VALEUR DE P.	ANGLES. Degrés.	ANGLES. Minutes.	VALEUR DE K.	VALEUR DE P.	ANGLES. Degrés.	ANGLES. Minutes.	VALEUR DE K.	VALEUR DE P.	ANGLES. Degrés.	ANGLES. Minutes.	VALEUR DE K.	VALEUR DE P.
20	00	1,064	0,363	26	00	1,112	0,487	32	00	1,179	0,624	38	00	1,269	0,781
	10	1,065	0,367		10	1,114	0,491		10	1,181	0,628		10	1,271	0,785
	20	1,066	0,370		20	1,115	0,494		20	1,183	0,632		20	1,274	0,790
	30	1,067	0 373		30	1,117	0,498		30	1,185	0,637		30	1,277	0,795
	40	1,068	0,377		40	1,119	0,502		40	1,187	0,641		40	1,280	0,800
	50	1,069	0,380		50	1,120	0,505		50	1,190	0,645		50	1,283	0,804
21	00	1,071	0,383	27	00	1,122	0,509	33	00	1,192	0,649	39	00	1,286	0,809
	10	1,072	0,387		10	1,124	0,513		10	1,194	0,653		10	1,289	0,814
	20	1,073	0,390		20	1,125	0,516		20	1,196	0,657		20	1,292	0,819
	30	1,074	0,393		30	1,127	0,520		30	1,199	0,661		30	1,295	0,824
	40	1,076	0,397		40	1,129	0,524		40	1,201	0,666		40	1,299	0,829
	50	1,077	0,400		50	1,130	0,529		50	1,203	0,670		50	1,302	0,834
22	00	1,078	0,404	28	00	1,132	0,531	34	00	1,206	0,674	40	00	1,305	0,839
	10	1,079	0,407		10	1,134	0,535		10	1,208	0,678		10	1,308	0,844
	20	1,081	0,410		20	1,136	0,539		20	1,211	0,683		20	1,311	0,849
	30	1,082	0,414		30	1,137	0,542		30	1,213	0,687		30	1,315	0,854
	40	1,083	0,417		40	1,139	0,546		40	1,215	0,691		40	1,318	0,859
	50	1,085	0,421		50	1,141	0,550		50	1,218	0,695		50	1,321	0,864
23	00	1,086	0,424	29	00	1,143	0,554	35	00	1,220	0,700	41	00	1,325	0,869
	10	1,087	0,427		10	1,145	0 558		10	1,222	0,704		10	1,328	0,874
	20	1,089	0,431		20	1,147	0,561		20	1,225	0,708		20	1,331	0,879
	30	1,090	0,434		30	1,148	0,565		30	1,228	0,713		30	1,335	0,884
	40	1,091	0,438		40	1,150	0,569		40	1,230	0,717		40	1,338	0,889
	50	1,093	0,441		50	1,152	0,573		50	1,233	0,722		50	1,342	0,895
24	00	1,094	0,445	30	00	1,154	0,577	36	00	1,236	0,726	42	00	1,345	0,900
	10	1,096	0,448		10	1,156	0,581		10	1,238	0,731		10	1,349	0,905
	20	1,097	0,452		20	1,158	0,585		20	1,241	0,735		20	1,352	0,911
	30	1,098	0,455		30	1,160	0,589		30	1,244	0,739		30	1,356	0,916
	40	1,100	0,459		40	1,162	0,592		40	1,246	0,744		40	1,359	0,921
	50	1,101	0,462		50	1,164	0,596		50	1,249	0,749		50	1,363	0,927
25	00	1,103	0,466	31	00	1,166	0,600	37	00	1,252	0,753	43	00	1,367	0.932
	10	1,104	0,469		10	1,168	0,604		10	1,254	0,758		10	1,371	0.937
	20	1,106	0,473		20	1,170	0,608		20	1,257	0,762		20	1,374	0,943
	30	1,107	0,476		30	1,172	0,612		30	1,260	0,767		30	1,378	0,948
	40	1,109	0,480		40	1,174	0,616		40	1,263	0,771		40	1,382	0,954
	50	1,110	0,484		50	1,177	0,620		50	1,266	0,776		50	1,386	0,960

ANGLES.		VALEUR DE K.	VALEUR DE P.
Degrés.	Minutes.		
44	00	1,390	0,965
	10	1,394	0,971
	20	1,398	0,977
	30	1,402	0,982
	40	1,406	0,988
	50	1,410	0,994
45	00	1,414	1,000
	10	1,418	1,005
	20	1,422	1,011
	30	1,426	1,017
	40	1,430	1,023
	50	1,435	1,029
46	00	1,439	1,035
	10	1,443	1,041
	20	1,448	1,047
	30	1,452	1,053
	40	1,457	1,059
	50	1,461	1,066
47	00	1,466	1,072
	10	1,470	1,078
	20	1,475	1,084
	30	1,480	1,091
	40	1,484	1,097
	50	1,489	1,104
48	00	1,494	1,110
	10	1,499	1,117
	20	1,504	1,123

ANGLES.		VALEUR DE K.	VALEUR DE P.
Degrés.	Minutes.		
	30	1,509	1,130
	40	1,514	1,136
	50	1,519	1,143
49	00	1,524	1,150
	10	1,529	1,157
	20	1,534	1,163
	30	1,539	1,170
	40	1,545	1,177
	50	1,550	1,184
50	00	1,555	1,191
	10	1,561	1,198
	20	1,566	1,205
	30	1,572	1,213
	40	1,577	1,220
	50	1,583	1,227
51	00	1,589	1,234
	10	1,594	1,242
	20	1,600	1,249
	30	1,606	1,257
	40	1,612	1,264
	50	1,618	1,272
52	00	1,624	1,279
	10	1,630	1,287
	20	1,636	1,295
	30	1,642	1,303
	40	1,648	1,311
	50	1,655	1,319

ANGLES.		VALEUR DE K.	VALEUR DE P.
Degrés.	Minutes.		
53	00	1,661	1,327
	10	1,668	1,335
	20	1,674	1,343
	30	1,681	1,351
	40	1,687	1,359
	50	1,694	1,368
54	00	1,701	1,376
	10	1,708	1,384
	20	1,715	1,393
	30	1,722	1,401
	40	1,729	1,410
	50	1,736	1,419
55	00	1,743	1,428
	10	1,750	1,437
	20	1,757	1,445
	30	1,764	1,455
	40	1,772	1,464
	50	1,780	1,473
56	»	1,788	1,482
57	»	1,836	1,539
58	»	1,887	1.600
59	»	1,941	1,664
60	»	2,000	1,732
61	»	2,062	1,804
62	»	2,130	1,880
63	»	2,202	1,962
64	»	2,281	2,050
65	»	2,366	2,144

ANGLES.		VALEUR DE K.	VALEUR DE P.
Degrés.	Minutes.		
66	»	2,458	2,246
67	»	2,559	2,355
68	»	2,669	2,475
69	»	2,790	2,605
70	»	2,923	2,747
71	»	3,068	2,904
72	»	3,235	3,077
73	»	3,420	3,270
74	»	3,627	3,487
75	»	3,863	3,732
76	»	4,133	4,010
77	»	4,445	4,331
78	»	4,809	4,704
79	»	5,254	5,144
80	»	5,758	5,671
81	»	6,392	6,313
82	»	7,185	7,115
83	»	8,205	8,144
84	»	9,662	9,514
85	»	11,473	11,430
86	»	14,335	14,300
87	»	19,126	19,081
88	»	28,657	28,636
89	»	57,279	57,279
90	»	∞	∞

CHAPITRE II.

DES PONTS SURBAISSÉS AU TIERS.

SECTION PREMIÈME.

PRINCIPES GÉNÉRAUX.

ARTICLE Ier. — Section des ponts surbaissés au tiers.

59. Les ponts à plein-cintre, soit à cause de la régularité de leur forme, soit à cause des facilités d'exécution que présente leur appareil, doivent être employés de préférence à tous autres. Cependant dans quelques circonstances, la nécessité d'obtenir un débouché plus grand que ne le comporterait la forme à plein-cintre, oblige à recourir à la forme surbaissée. Nous avons fait observer qu'alors l'arc le plus généralement employé était l'arc de 60° ou le tiers de la demi-circonférence, auquel cas l'ouverture de la voûte était égale au rayon. Nous nous occuperons donc seulement des ponts en arc de cercle *surbaissés au tiers*.

Nous appellerons *voûte* dans les ponts surbaissés au tiers, la partie de l'arche comprise entre les joints extrêmes ou joints à 60° (pl. I), et nous désignerons sous le nom de *culée*, le massif de maçonnerie destiné à contre-bouter la poussée de la voûte, qui est compris entre l'horizontale des naissances et le joint à 60°. Lorsqu'il y aura plusieurs arches, le massif de maçonnerie compris entre les joints à 60° de deux arches consécutives, prendra le nom de *pile*.

Lorsque les arches comporteront des pieds-droits, les pieds-droits extrêmes prendront, comme dans les pleins-cintres, le nom de *pieds-droits de culées*, et les pieds-droits intermédiaires, le nom de *pieds-droits de piles*.

60. Pour déterminer le profil d'une ou plusieurs arches surbaissées, on commencera par fixer l'épaisseur des joints à la clef et à 60°, l'épaisseur d'une culée et l'épaisseur d'une pile. Si le pont comporte des pieds-droits, ceux-ci auront mêmes épaisseurs que les culées et piles correspondantes; si le pont n'en comporte pas, ces épaisseurs seront appliquées aux fondations.

Le profil extérieur de la voûte, ou son extrados, sera déterminé, comme pour les pleins-cintres, par un arc de cercle passant par les extrémités des joints à la clef et à 60°.

Quand les voûtes de ponts sont surbaissées au tiers, elles tendent à se rompre par le glissement des culées au-dessus de leur appui. Il convient dont pour s'opposer à ce glissement, de charger autant que possible, le massif des culées. C'est pour cette raison que nous déterminerons le profil de ce massif, par deux verticales menées par les extrémités de la naissance et du joint extrême, et par une horizontale menée à la hauteur du sommet de l'extrados de la voûte.

L'extrados des piles sera formé, comme dans les arches à plein-cintre, d'un arc semblable à l'arc d'extrados de la voûte, mais dont la convexité serait tournée en sens inverse.

D'après la forme de l'extrados des ponts surbaissés, la section que nous avons désignée dans les ponts à plein-cintre sous le nom de *tympans de culée*, a disparu. Il ne nous restera donc à considérer que les sections des *tympans de la voûte*, *de pile*, *et au-dessus du pont*. Ces trois sections se détermineront comme pour les ponts à plein-cintre.

61. En conservant pour la section des ponts surbaissés, les notations que nous avons données au § 11 dans la section des ponts à plein-cintre, on établira pour le calcul des sections nécessaires au cube d'un pont surbaissé, le tableau ci-après. Il faudra toutefois se rappeler que l'épaisseur du joint extrême est ici le joint à 60°, et non le joint à 30° comme dans les pleins-cintres. On devra en outre observer que h et l ne sauraient plus désigner la hauteur ni l'épaisseur des retraites de culées, mais seulement la distance de l'extrémité du joint extrême aux naissances et à l'arrière des culées.

DÉSIGNATION DES SURFACES.	NOMBRE des PARTIES semblables.	LONGUEURS.	LARGEURS ou HAUTEURS.
Section des fondations.			
Section des fondations des pieds-droits de culées.........	2	B	f
Section des fondations des pieds-droits de piles..........	$m-1$	b	f
Section de l'emplacement du radier....................	m	r	$g+\frac{pr}{4}$
Section totale D.............			
Section des arches.			
Section des pieds-droits de culées avec les fondations....	2	B	$H+f$
Section des pieds-droits de piles avec les fondations.....	$m-1$	b	$H+f$
Section du radier....................................	m	r	g
Section des culées....................................	«	l	$F+h$
A ajouter.........	«	$B-l$	$\frac{h}{2}$
Total et section des culées.....	2		
Section des piles....................................	«	$B-l$	$\frac{h}{2}$
A ajouter.........	«	C_1	h
A ajouter..........	«	C_1	$\frac{R_1-F_1}{2}$
A déduire.........	«	A_1	$\frac{R_1}{2}$
Reste et section des piles......	$2(m-1)$		
Section des voûtes....................................	«	A	$\frac{R}{2}$,
A déduire.........	«	i	$\frac{r}{2}$
A déduire.........	«	d	$\frac{C}{2}$
Reste et section des voûtes....	$2m$		
Section totale M..............			

DÉSIGNATION DES SURFACES.	NOMBRE des PARTIES semblables.	LONGUEURS.	LARGEURS et HAUTEURS.
Section des tympans.			
Section des tympans de piles........................	«	C_1	F
A ajouter..........	«	A_1	$\frac{R_1}{2}$
A déduire..........	«	C_1	$\frac{R_1-F_1}{2}$
Reste et section des tympans..	$2(m-1)$		
Section des tympans des voûtes......................	«	C	$\frac{F+R}{2}$
A déduire..........	«	A	$\frac{R}{2}$
Reste et section des tympans..	$2m$		
Section des tympans au-dessus du pont................	«	$2B-b+m(b+r)$	$x+k$
Section totale X..............			

ARTICLE 2. — Des ponts surbaissés.

62. Les ponts surbaissés, soit entre murs de soutènement, soit entre talus en remblai, s'établissent absolument comme les ponts à plein-cintre, ainsi que l'indique la planche IV. Le placement de ces ponts entre deux profils en travers, se fait également d'après les mêmes règles. Il en est de même des déblais à faire pour l'emplacement de ces ouvrages, et le dégagement de leurs abords.

L'équarrissage des pierres de taille employées, subira seulement une sujétion nécessaire au raccordement des assises des chaînes d'angles des pieds-droits avec les voussoirs. Si l'on désigne comme précédemment par ϵ et γ les deux dimensions d'équarrissage de la pierre de taille, et que γ soit la hauteur d'extrados des voussoirs, il faudra que δ', hauteur d'assise des pierres des pieds-droits, soit égal à une fraction $\frac{1}{n}$ de $0,86\ \gamma$.

63. Si nous conservons δ pour représenter l'épaisseur d'un cordon en pierre de taille, et si nous désignons par f_1 la flèche ou montée de l'arc d'intrados, les cubes des ponts surbaissés, entre murs de soutènement et entre talus de remblais, s'établiront d'après les mêmes règles que les ponts à plein-cintre, et seront donnés par les tableaux ci-après ; la lettre Z dans le second tableau, représente la quantité constante $(L+2t_1x)\left(1-\frac{T_1}{T}\right)\frac{P^2}{T_1^2-P^2}$.

Ponts entre murs de soutènement avec une direction quelconque d'axe.

DÉSIGNATION DES CUBES, faces et longueurs.	Nombre des parties semblables.	DIMENSIONS PERPENDICULAIRES A L'AXE. LONGUEURS.	LARGEURS.	SECTIONS.	DIMENSIONS PARALLÈLES A L'AXE. — ÉPAISSEURS.
Déblais.					
...ais pour fonda-...ons	«	«	«	D	$K\left\{L+2(x+k+c+f_2+H+f)t\right\}\frac{T^2}{T^2-P^2}$
...onnerie en moellons.					
...rche	«	«	«	M	$K\left\{L+2\left(x+k+\frac{c+f_2+H+f}{2}\right)t\right\}\frac{T^2}{T^2-P^2}$
...ympans	2	«	«	X avec $x=x\pm\frac{P(L-E)}{2}$	$K\left\{E+2\left(\frac{2x\pm P(L-E)+2k}{4}+\frac{F}{3}\right)t\right\}$
...arapets	2	$2B-b+m(b+r)$	a	«	e
Total..					
...duire la pierre de taille ...mme ci-après :					
Reste..					
Maçonnerie ... pierre de taille.					
...s-droits	$2m$	$6+\gamma$	$0,86\gamma+H+f$	«	$\frac{6+\gamma}{2KQ'}$
...ssoirs	$2m$	«	«	$\frac{1}{6}\pi\gamma(rK+r+\gamma)$	$\frac{6+\gamma}{2KQ'}$
Total..					
...rface de taillage.					
...s-droits	$2m$	$6+\gamma+\frac{6+\gamma}{Q'}$	$0,86\gamma+H+f$		
...ssoirs (face verticale)	$2m$	«	«	$\frac{1}{6}\pi\gamma(rK+r+\gamma)$	
... (face au-dessous des arches)	$2m$	$2i$	$\frac{6+\gamma}{2Q'}$		
Total..					
Chape.					
...dessus des voûtes	«	$2mA+2(m-1)A_1$	k	«	$K\left\{L-2E-2\left(x+\frac{k+F}{2}\right)t\right\}\frac{T^2}{T^2-P^2}$
Chaperon.					
...r recouvrement des ...arapets	2	$2B-b+m(b+r)$			
Remblais.					
...ion des tympans..	«	«	«	X	
...déduire celle de la ...hape	«	$2mA+2(m-1)A_1$	k		
Reste et cube.	«	«	«	«	$K\left\{L-2E-2\left(\frac{x}{2}+\frac{k+F}{3}\right)t\right\}\frac{T^2}{T^2-P^2}$

64. Ponts entre talus en remblai avec une direction quelconque d'axe.

DÉSIGNATION DES CUBES, surfaces et longueurs.	Nombre des parties sem-blables.	DIMENSIONS PERPENDICULAIRES A L'AXE. LONGUEURS.	LARGEURS.	SECTIONS.	DIMENSIONS PARALLÈLES A L'AXE. — ÉPAISSEURS.
Déblais.					
Fondations du pont...	«	«	«	D	$K\left\{L+2t_2x+2(\delta+k+c+f_2+H+f)t+Z\right\}\frac{T^2}{T^2-}$
Fondations des murs en retour..........	2	$2[t_2(\delta+k+c+f_2+H)-B]$	f	«	$E+2(\delta+k+c+f_2+H+f)t$
Total..					
Maçonnerie en moellons.					
Arche..............	«	«	«	M	$K\left\{L+2t_2x+2\left(\delta+k+\frac{c+f_2+H+f}{2}\right)t+Z\right\}\frac{T}{T^2-}$
Tympans...........	2	«	«	X avec $x=\delta$	$K\left\{E+2\left(\frac{\delta+k}{2}+\frac{F}{3}\right)t\right\}$
Murs en retour......	2	$2[t_2(\delta+k+c+f_2+H)-B]$	$\delta+k+c+f_2+H+f$	«	$E+2\left(\frac{\delta+k+c+f_2+H+f}{2}\right)t$
Total..					
A déduire la pierre de taille comme ci-après :					
Reste..					
Maçonnerie en pierre de taille.					
Pieds-droits.........	$2m$	$\epsilon+\gamma$	$0{,}86\gamma+H+f$	«	$\frac{\epsilon+\gamma}{2KQ'}$
Voussoirs...........	$2m$	«	«	$\frac{1}{2}\pi\gamma(rK+r+\gamma)$	$\frac{\epsilon+\gamma}{2KQ'}$
Cordon (au-dessus du pont).	2	$2B-b+m(b+r)$	δ	«	$K(E+\delta t)$
Cordon (au-dessus des murs).	2	$2[t_2(\delta+k+c+f_2+H)-B]$	δ	«	$E+\delta t$
Total..					
Surface de taillage.					
Pieds-droits.........	$2m$	$\epsilon+\gamma+\frac{\epsilon+\gamma}{Q'}$	$0{,}86\gamma+H+f$		
Voussoirs (face verticale)..	$2m$	«	«	$\frac{1}{2}\pi\gamma(rK+r+\gamma)$	
Id. (face au-dessous des arches).	$2m$	$2i$	$\frac{\epsilon+\gamma}{2Q'}$		
Cordon (au-dessus du pont).	2	$[2B-b+m(b+r)]K$	δ		
Id. (au-dessus des murs)....	2	$2[t_2(\delta+k+c+f_2+H)-B]$	δ		
Total..					
Chape.					
Au-dessus des voûtes.	«	$2mA+2(m-1)A_1$	k	«	$K\left\{L+2t_2x-2E-2\left(\delta+\frac{k+F}{2}\right)t+Z\right\}\frac{T^2}{T^2-P}$
Remblais.					
Tympans............					
Section des tympans.	«	«	«	X avec $x=\delta$	
A déduire celle de la chape...........	«	$2mA+2(m-1)A_1$	k		
Reste et cube.	«	«	«	«	$K\left\{L+2t_2x-2E-2\left(\frac{\delta}{2}+\frac{k+F}{3}\right)t+Z\right\}\frac{T^2}{T^2-}$
Au-dessus du pont...	«	$2B-b+m(b+r)$	x	«	$K(L+t_2x)$
Total..					

ARTICLE 3. — Du cintrement.

65. Les cintres pour les ponts surbaissés de grandeur ordinaire, seront composés d'une pièce transversale **ab** soutenue par deux arbalétriers **cd** réunis eux-mêmes au moyen d'un faux-entrait **ef** et d'un poinçon **cg**, et par des potelets et aisseliers **ad** et **dh**. Des doubles moises **mf**, **kg**, **nc** relient, au moyen de boulons, les veaux avec les diverses pièces du cintre (pl. I).

66. Si nous supposons les liernes qui doivent réunir les cintres placées au point **g**, et si nous représentons par p'' la hauteur du poinçon, leur longueur sera :
pour les ponts entre murs de soutènement

$$K\left\{L+2(x+k+c+f_2+p'')t\right\}\frac{T^2}{T^2-P^2}Q'$$

pour les ponts entre talus en remblai

$$K\left\{L+2t_2x+2(\delta+k+c+f_2+p'')t+(L+2t_2x)\left(1-\frac{T_2}{T}\right)\frac{P^2}{T_2^2-P^2}\right\}\frac{T^2}{T^2-P^2}Q'$$

Le nombre des cintres sera égal au quotient de la division de la longueur de la lierne par leur espacement, augmenté d'une unité.

67. La longueur des couchis sera :
pour les ponts entre murs de soutènement

$$K\left\{L+2\left(x+k+c+\frac{f_2}{2}\right)t\right\}\frac{T^2}{T^2-P^2}Q'$$

pour les ponts entre talus de remblai

$$K\left\{L+2t_2x+2\left(\delta+k+c+\frac{f_2}{2}\right)t+(L+2t_2x)\left(1-\frac{T_2}{T}\right)\frac{P^2}{T_2^2-P^2}\right\}\frac{T^2}{T^2-P^2}Q'.$$

SECTION DEUXIÈME.

APPLICATIONS PRATIQUES.

ARTICLE Ier. — Détermination des dimensions des parties constituantes d'un pont.

Détermination des dimensions de la voûte et de ses parties accessoires.

68. Nous prendrons dans les ponts surbaissés pour l'épaisseur à la clef c, l'épaisseur minimum d'une maçonnerie 0,25 augmentée du $\frac{1}{20}$ de l'ouverture ; pour l'épaisseur du joint à 60° j, les $\frac{13}{10}$ de l'épaisseur à la clef c ; pour l'épaisseur d'un pied-droit de culée B, le minimum d'épaisseur d'un mur 0,60 augmenté du $\frac{1}{5}$ de l'ouverture. Quant à l'épaisseur d'un pied-droit de pile,

nous admettrons une quantité constante 0,34 pour recevoir les retombées de deux voûtes minimum à 60° adjacentes, et nous ajouterons à cette quantité les $\frac{26}{100}$ de l'ouverture.

On aura donc les formules suivantes :

$$c = 0{,}25+0{,}05r$$
$$j = 0{,}28+0{,}06r$$
$$B = 0{,}60+0{,}33r$$
$$b = 0{,}34+0{,}26r$$

pour déterminer les éléments de la voûte.

Avec les dimensions ci-dessus les pieds-droits peuvent être montés en toute sécurité jusqu'à une hauteur de 5 mètres.

69. Au moyen des corrélations qui existent entre les arcs et les cordes de 60° et 120°, nous calculerons en outre :

$$C = 0{,}14+0{,}53r$$
$$F = f_{\circ} = 0{,}00+0{,}13r$$
$$R = 0{,}55+1{,}11r+0{,}07\frac{1}{r}$$
$$A = 0{,}15+0{,}55r$$
$$i = 0{,}00+0{,}52r$$
$$d = 0{,}30+0{,}06r+0{,}07\frac{1}{r}$$
$$h = 0{,}25+0{,}05r$$
$$l = 0{,}46+0{,}30r$$
$$C_1 = 0{,}03+0{,}10r$$
$$F_1 = F\frac{C_1}{C} = F\times 0{,}20 = 0{,}00+0{,}02r$$
$$R_1 = R\frac{C_1}{C} = R\times 0{,}20 = 0{,}11+0{,}22r+0{,}01\frac{1}{r}$$
$$A_1 = A\frac{C_1}{C} = A\times 0{,}20 = 0{,}03+0{,}11r$$

70 Pour achever de déterminer les dimensions des autres parties accessoires, nous assignerons une valeur à chacune d'elles, en laissant toutefois, comme dans les ponts à plein-cintre, H variable. Nous supposerons donc :

$$f = 0{,}40+0{,}10r$$
$$g = 0{,}40$$
$$p = 0{,}05$$
$$k = 0{,}10$$

Détermination des dimensions de la route (Voir au § 44.)

Détermination des dimensions de la pierre de taille.

71 L'équarrissage que nous adopterons pour l'appareil en pierre de taille, sera le suivant :

$$\varepsilon = 0{,}25+0{,}05r$$
$$\gamma = 0{,}15+0{,}05r$$
$$\delta = 0{,}30 \text{ (pour le cordon seulement).}$$

Détermination des dimensions des cintres.

72 Si nous supposons les arbalétriers des cintres menés sous un angle de 30°, et les aisseliers sous un angle de 45°, on aura en désignant par e' p' a' a'' e'' p'' m' v' les longueurs respectives de la pièce transversale ou entrait, des potelets, aisseliers, arbalétriers, faux-entrait, poinçon, moises et veaux :

$e' = 1,00r$

$p' = 0,29r$

$a' = 0,40r$

$a'' = 0,58r$

$e'' = 0,50r$

$p'' = 0,14r$

$m' = 0,27r$

$v' = 0,26r$

L'équarrissage de ces différentes pièces sera donné par la formule :

$$Q_{1} = 0,10+0,02r$$

Les moises et les veaux n'ont, comme d'habitude, qu'un demi-équarrissage d'épaisseur. La hauteur de la courbure des veaux, $e'' = 0,01r$.

73. La largeur des couchis est égale au tiers de la demi-circonférence. On aura donc :

$$l' = 1,04r$$

Leur équarrissage sera donné par la formule :

$$q' = 0,05+0,01r$$

74. La largeur des semelles, pour que les arbalétriers puissent s'y reposer, devra être au moins:

$$s' = 2Q = 0,20+0,04r$$

on prendra $s'+0,10$. Leur hauteur sera égale à q.

75. Les fermes, avec les dimensions ci-dessus, seront espacées de 1 mètre 50 au plus. Elles seront réunies par deux liernes.

Il faudra sept boulons par ferme : six pour boulonner les moises, avec la ferme et les veaux ; un pour boulonner chaque ferme avec les liernes.

ARTICLE 2. — Applications.

76. En substituant les valeurs qui précèdent dans les tableaux généraux, nous formerons, comme pour les ponts à plein-cintre, quatre tableaux correspondant aux cas suivants :

Ponts entre murs de soutènement, horizontaux, droit ou biais, à une ou plusieurs arches;
Ponceaux entre murs de soutènement, horizontaux ou inclinés, droit ou biais ;
Ponts entre talus en remblai, horizontaux, droit ou biais, à une ou plusieurs arches ;
Ponceaux entre talus en remblai, horizontaux ou inclinés, droit ou biais.

Ces quatre tableaux, comme ceux des ponts à plein-cintre, comprennent vingt-quatre espèces de ponts surbaissés différentes.

A ces tableaux en sont joints deux autres donnant le cintrement des ponts surbaissés entre murs de soutènement et entre talus en remblais.

77. Après avoir placé les profils extrêmes, comme il a été dit aux § 15-16, et après avoir déterminé la valeur de l'ordonnée O en raison des déblais à faire pour l'emplacement, il n'y aura qu'à suivre la marche indiquée au § 51 pour obtenir les cubes des ponts surbaissés.

78. TABLEAU N° 7.

Largeur de l'emplacement occupé sur le profil en long :

$$\left\{0,86+0,40r+m(0,34+1,26r)\right\}K$$

Valeur de x en fonction de H et de la cote O du profil en long:

$$x=O-(H+0,35+0,18r)$$

PONT SURBAISSÉ

entre murs de soutènement, horizontal, droit ou biais,

à une ou plusieurs arches.

DESIGNATION DES CUBES, SURFACES ET LONGUEURS.	NOMBRE des PARTIES semblables.	LONGUEURS.	LARGEURS.	ÉPAISSEURS avec t = 0,10.	ÉPAISSEURS avec t = 0,16.
Déblais.					
Section des fondations des pieds droits de culées....	2	0,60+0,33r	0,40+0,10r		
Section des fondations des pieds-droits de piles.....	m—1	0,34+0,26r	0,40+0,10r		
Section de l'emplacement du radier..............	m	r	0,40+0,01r		
Section totale et cube........	»	»	»	$K\left\{L+0,15+0,06r+0,20H+0,20x\right\}$	$K(L+0,24+0,09r+0,33H+0,33x)$
Maçonnerie en moellons.					
1° Arche.					
Section des pieds-droits de culées avec les fondations.	2	0,60+0,33r	H+0,40+0,10r		
Section des pieds-droits de piles avec les fondations..	m—1	0,34+0,26r	H+0,40+0,10r		
Section du radier..............	m	r	0,40		
Section des culées..............	»	0,46+0,30r	0,26+0,18r		
A ajouter....		0,14+0,03r	0,12+0,02r		
Total et section des culées....	2				
Section des piles..............	»	0,14+0,03r	0,12+0,02r		
A ajouter.....	»	0,03+0,10r	0,25+0,06r		
Total....					
A ajouter....	»	0,03+0,10r	0,05+0,10r+0,01½		
Total....					
A déduire....	»	0,03+0,11r	0,05+0,11r+0,01½		
Reste et section des piles....	2(m—1)				
Section des voûtes..............	»	0,15+0,56r	0,27+0,55r+0,03½		
A déduire....	»	0,52r	0,50r		
Reste....					
A déduire....	»	0,30+0,06r+0,07½	0,07+0,26r		
Reste et section des voûtes....	2m				
Section totale et cube de l'arche....	»	»	»	$K(L+0,08+0,03r+0,10H+0,20x)$	$K(L+0,13+0,05r+0,16H+0,33x)$
2° Tympans.					
Section des tympans des piles..............	»	0,03+0,10r	0,13r		
A ajouter....	»	0,03+0,11r	0,05+0,11r+0,01½		
Total....					
A déduire....		0,03+0,10r	0,05+0,10r+0,01½		
Reste et section des tympans..............	2(m—1)				

DÉSIGNATION DES CUBES, SURFACES ET LONGUEURS.	NOMBRE des PARTIES semblables.	LONGUEURS.	LARGEURS.	ÉPAISSEURS avec $t=0,10$.	ÉPAISSEURS avec $t=0,16$.
Section des tympans des voûtes..................		$0,14+0,53r$	$0,27+0,62r+0,03\frac{1}{r}$		
A déduire.....		$0,15+0,55r$	$0,27+0,55r+0,03\frac{1}{r}$		
Reste et section des tympans......	2m				
Section des tympans au-dessus du pont...........		$0,86+0,40r+m(0,34+1,26r)$	$0,10+x$		
Section totale et cube des tympans.....	2	»	»	$K(0,61+0,01r+0,10x)$	$K(0,62+0,01r+0,16x$
3° Parapets.					
Au-dessus des murs.........................		$\{0,86+0,40r+m(0,34+1,26r)\}K$			
Cube total de la Maçonnerie.					
A déduire le cube de la pierre de taille comme ci-après.					
Reste pour la maçonnerie en moellons.....					
Maçonnerie en pierre de taille.					
Pieds-droits..................................	2m	$0,40+0,10r$	$H+0,53+0,14r$	$\frac{1}{2}(0,20\pm0,05r$	$\frac{1}{2}(0,20+0,05r)$
Voussoirs....................................	2m	$0,23+0,08r$	$0,05+(\frac{x}{3}+0,35)r$	$\frac{1}{2}(0,20+0,05r$	$\frac{1}{2}(0,20+0,05r)$
Total.....					
Surface de taillage.					
Pieds-droits..................................	2m	$0,80+0,20r$	$H+0,53+0,14r$		
Voussoirs (face verticale)......................	2m	$0,22+0,08r$	$0,05+(\frac{x}{3}+0,35)r$		
Voussoirs (face au-dessous des arches)	2m	$1,04r$	$0,20+0,05r$		
Total.....					
Chape.					
Au-dessus des voûtes (partie convexe)...........	m	$0,30+1,10r$	$0,10$		
Au-dessus des voûtes (partie concave)...........	m—1	$0,06+0,22r$	$0,10$	$K(L-1,21-0,01r-0,20x)$	$K(L-1,21-0,02r-0,33x)$
Total.....					
Chaperon.					
Recouvrement des parapets......................	2	$\{0,86+0,40r+m(0,34+1,26r)\}K$			
Remblais.					
Section des tympans...........................					
A déduire celle de la chape.....	»				
Reste et cube.....	»	»	»	$K(L-1,21-0,01r-0,10x)$	$K(L-1,21-0,01r-0,16x$

Largeur de l'emplacement occupé sur le profil en long :

(1,20+1,66r)K

Valeur de x en fonction de H et de la cote O du profil en long

x=(H+0,18r+0,35)

79. TABLEAU N° 8.

PONCEAU SURBAISSÉ

entre murs de soutènement, orizontal ou incliné, droit ou biais.

à une arche.

DÉSIGNATION DES CUBES, SURFACES ET LONGUEURS.	NOMBRE des PARTIES semblables.	LONGUEURS.	LARGEURS.	ÉPAISSEURS avec f = 0,10.	ÉPAISSEURS avec f = 0,16.
Déblais.					
Section des fondations des pieds-droits	2	0,60+0,33r	0,40+0,10r		
Section de l'emplacement du radier	»	r	0,40+0,01r		
Section totale et cube	»	»	»	$K(L+0,15+0,06r+0,20H+0,20x)\frac{100}{100-P^2}$	$K(L+0,24+0,09r+0,33H+0,33x)\frac{36}{36-P^2}$
Maçonnerie en moellons.					
1° Arche.					
Section des pieds-droits avec les fondations	2	0,60+0,33r	H+0,40+1,10r		
Section du radier	»	r	0,40		
Section des culées	»	0,46+0,30r	0,25+0,18r		
A ajouter	»	0,14+0,03r	0,12+0,02r		
Total et section des culées	2				
Section de la voûte	»	0,15+0,55r	0,27+055r+0,03$\frac{1}{r}$		
A déduire	»	0,52r	0,50r		
Reste					
A déduire	»	0,30+0,06r+0,07$\frac{1}{r}$	0,07+0,26r		
Reste et section de la route	2				
Section totale et cube de l'arche	»	»	»	$K(L+0,08+0,03r+0,10H+0,20x)\frac{100}{100-P^2}$	$K(L+0,13+0,05r+0,16H+0,33x)\frac{36}{36-P^2}$
2° Tympans.					
Tympans d'Aval.					
Section des tympans de la voûte	»	0,14+0,53r	0,27+0,62r+0,03$\frac{1}{r}$		
A déduire	»	0,15+0,55r	0,27+0,55r+0,03$\frac{1}{r}$		
Reste et section des tympans	2				
Section au-dessus	»	1,20+1,06r	0,10+x+$\frac{PL}{2}$+0,30P		
Section totale et cube	»	»	»	K(0,61+0,01r+0,10x+0,05PL−0,03P)	K(0,62+0,01r+0,16x+0,08PL−0,05P)
Tympan d'Amont.					
Section des tympans de la voûte	»	0,14+0,53r	0,27+0,62r+0,03$\frac{1}{r}$		
A déduire	»	0,15+0,55r	0,27+0,55r+0,03$\frac{1}{r}$		
Reste et section des tympans	2				
Section au-dessus		1,20+1,66r	0,10+x−$\frac{PL}{2}$+0,30P		
Section totale et cube	»	»	»	K(0,61+0,01r+0,10x−0,05PL+0,03P)	K(0,62+0,01r+0,16x−0,08PL+0,06P)

DÉSIGNATION des cubes, surfaces et longueurs.	NOMBRE des parties semblables.	LONGUEURS.	LARGEURS.	ÉPAISSEURS avec $t = 0,10$.	avec $t = 0,16$.
2° Parapets.					
Au-dessus des murs de tympans	2	$(1,20+1,66r)K$			
Total de la maçonnerie					
A déduire le cube de la pierre de taille comme ci-après					
Reste pour la maçonnerie en moellons					
Maçonnerie en pierre de taille.					
Pieds-droits	2	$0,40+0,10r$	$H+0,63+0,14r$	$\frac{1}{[illegible]}(0,20+0,05r)$	$\frac{1}{[illegible]}(0,20+0,05r)$
Voussoirs	2	$0,23+0,08r$	$0,05+([illegible]+0,35)r$	$\frac{1}{[illegible]}(0,20+0,05r)$	$\frac{1}{[illegible]}(0,20+0,05r)$
Total					
Surface de taillage.					
Pieds-droits	2	$0,40+0,10r+\frac{1}{2}(0,40+0,10r)$	$H+0,63+0,14r$		
Voussoirs (face verticale)	2	$0,23+0,08r$	$0,05+([illegible]+0,35)r$		
Voussoirs (face au-dessous)	2	$1,04r$	$\frac{1}{2}(0,20+0,05r$		
Total					
Chape.					
Au-dessus de la voûte	»	$0,30+1,10r$	0,10	$K(L-1,21-0,01r-0,20x)\frac{100}{100-P^2}$	$K(L-1,22-0,02r-0,33x)\frac{36}{36-P^2}$
Chaperon.					
Pour recouvrement des parapets	2	$(1,20+1,66r)K$			
Remblais.					
Section des tympans de la voûte	»	$0,14+0,53r$	$0,27+0,62r+0,03[illegible]$		
A déduire	»	$0,15+0,55r$	$0,27+0,55r+0,03[illegible]$		
Reste et section des tympans	2				
Section au-dessus		$1,26+1,06r$	$0,10+x$		
Section totale					
A déduire celle de la chape	»	$0,30+1,10r$	0,10	$K(L-1,21-0,01r-0,10x)\frac{100}{100-P^2}$	$K(L-1,21-0,01r-0,16x)\frac{36}{36-P^2}$
Reste et cube	»	»	»		

Largeur des emplacements occupés sur le profil en long :

Largeur du pont.................. = $\{0{,}86+0{,}40r+m(0{,}34+1{,}26r)\}K$
Largeur des murs en retour avec t_e = 1,00 = $0{,}10-0{,}30r+2H$
Largeur des murs en retour avec t_e = 1,50 = $0{,}74-0{,}12r+3H$

Valeur de x en fonction de H et de la cote O du profil en long :

$x = O-(0{,}65+0{,}18r+H)$

80. TABLEAU N° 9.

PONT SURBAISSÉ

entre talus en remblais, horizontal, droit ou biais,

à une ou plusieurs arches.

DÉSIGNATION des cubes, surfaces et longueurs.	NOMBRE des parties semblables.	LONGUEURS avec t_e = 1,00	LONGUEURS avec t_e = 1,50	LARGEURS.	ÉPAISSEURS avec t_e = 1,00	ÉPAISSEURS avec t_e = 1,50
Déblais.						
Section des fondations des pieds droits de culées.	2	0,60+0,33r	0,60+0,33r	0,40+0,10r		
Section des fondations des pieds-droits de piles.	m—1	0,34+0,26r	0,34+0,26r	0,40+0,10r		
Section de l'emplacement du radier..	m	r	r	0,40+0,01r		
Section totale et cube..	»	»	»	»	K(L+0,21+0,05r+0,20H+2x) 0,81+0,05r+0,20H	K(L+0,21+0,05r+0,20H+3x) 0,81+0,05r+0,20H
Fondations des murs en retour......	2	0,10—0,30r+2H	0,74—0,12r+3H	0,40+0,10r		
Total....						
Maçonnerie en moellons.						
1° Arche.						
Section des pieds-droits de culées avec les fondations.	2	0,60+0,33r	0,60+0,33r	H+0,40+0,10r		
Section des pieds-droits de piles avec les fondations.	m—1	0,34+0,26r	0,34+0,26r	H+0,40+0,10r		
Section du radier.	m	r	r	0,40		
Section des culées.	»	0,46+0,30r	0,46+0,30r	0,25+0,18r		
A ajouter....	»	0,14+0,03r	0,14+0,03r	0,12+0,02r		
Total et section des culées...	2					
Section des piles.	»	0,14+0,03r	0,14+0,03r	0,12+0,02r		
A ajouter....	»	0,03+0,10r	0,03+0,10r	0,25+0,05r		
Total....						
A ajouter....	»	0,03+0,10r	0,03+0,10r	0,05+0,10r+0,01$\frac{1}{r}$		
Total....						
A déduire....	»	0,03+0,11r	0,03+0,11r	0,05+0,11r+0,01$\frac{1}{r}$		
Reste et section des piles...	2(m—1)					
Section des voûtes.	»	0,45+0,55r	0,45+0,55r	0,27+0,55r+0,03$\frac{1}{r}$		
A déduire....	»	0,52r	0,52r	0,50r		
Reste....						
A déduire....	»	0,30+0,06r+0,07$\frac{1}{r}$	0,30+0,06r+0,07$\frac{1}{r}$	0,07+0,26r		
Reste et section des voûtes....	2m					
Section totale et cube....	»	»	»	»	K(L+0,14+0,03r+0,10H+2x)	K(L+0,14+0,03r+0,10H+3x)
2° Tympans.						
Section des tympans des piles.	»	0,03+0,10r	0,03+0,10r	0,13r		
A ajouter.....	»	0,03+0,11r	0,03+0,11r	0,05+0,11r+0,01$\frac{1}{r}$		
Total....	»					
A déduire....		0,03+0,10r	0,03+0,10r	0,06+0,10r+0,01$\frac{1}{r}$		
Reste et section des tympans.	2(m—1)					

DÉSIGNATION des cubes, surfaces et longueurs.	NOMBRE des parties semblables.	LONGUEURS avec t_1 = 1,00	LONGUEURS avec t_1 = 1,50	LARGEURS.	ÉPAISSEURS avec t_1 = 1,00	ÉPAISSEURS avec t_1 = 1,50
Section des tympans des voûtes.....	»	0,14+0,53r	0,14+0,53r	0,27+0,62r+0,03½		
A déduire....	»	0,15+0,55r	0,15+0,55r	0,27+0,55r+0,03½		
Reste et section des tympans....	2m					
Section des tympans au-dessus du pont.	»	0,86+0,40r+m(0,34+1,26r)	0,86+0,40r+m(0,34+1,26r)	0,40	K(0,64+0,01r)	K(0,64+0,01r)
Section totale et cube....	2	»	»			
3° Murs en retours.						
Ensemble.........................	2	0,10—0,30r+2H	0,74—0,12r+3H	1,05+0,28r+H	0,70+0,03r+0,10H	0,70+0,03r+0,10H
Total de la maçonnerie....						
A déduire le cube de la pierre de taille comme ci-après..................						
Reste pour la maçonnerie en moellons.						
Maçonnerie en pierre de taille.						
Pieds-droits.........................	2m	0,40+0,10r	0,40+0,10r	H+0,53+0,14r	$\frac{1}{2}$(0,20+0,08r)	$\frac{1}{2}$(0,20+0,05r)
Voussoirs.........................	2m	0,23+0,08r	0,23+0,08r	0,05+($\frac{1}{3}$+0,35)r	$\frac{1}{2}$(0,20+0,05r)	$\frac{1}{2}$(0,20+0,05r)
Cordon (au-dessus du pont).........	2	0,86+0,40r+m(0,34+1,26r)	(0,86+0,40r+m(0,34+1,26r)	0,30	0,63K	0,63K
Cordon (au-dessus des murs).......	2	0,10—0,30r+2H	0,74—0,10r+3H	0,30	0,63	0,63
Total....						
Surface de taillage.						
Pieds-droits.........................	2m	0,80+0,20r	0,80+0,20r	H+0,53+0,14r		
Voussoirs (face verticale)..........	2m	0,23+0,08r	0,23+0,08r	0,05+($\frac{1}{3}$+0,35)r		
Voussoirs (face au-dessus des arches).	2m	1,04r	1,04r	0,20+0,06r		
Cordon (au-dessus du pont).........	2	}0,86+0,40r+m(0,34+1,26r){K	}0,86+0,40r+m(0,34+1,26r){K	0,30		
Cordon (au-dessus des murs).......	2	0,10—0,30r+2H	0,74—0,12r+3H	0,30		
Total....						
Chape.						
Au-dessus des voûtes (partie convexe).	m	0,30+1,10r	0,30+1,10r	0,10	K(L—1,27—0,01r+2x)	K(L—1,27—0,01r+3x)
Au-dessus des voûtes (partie concave)	m—1	0,06+0,22r	0,06+0,22r	0,10		
Total....						
Remblais.						
Tympans.........................						
Section des tympans................						
A déduire celle de la chape........						
Reste et cube.....	»	»	»	»	K(L—1,24—0,01r+2x)	K(L—1,26—0,01r+3x)
Au-dessus du pont..................	»	0,86+0,40r+m(0,34+1,26r)	0,86+0,40r+m(0,34+1,26r)	x	K(L+x)	K(L+1,50r)
Total.....						

Largeur de l'emplacement occupé sur le profil en long :

Largeur du pont = $(1,20+1,66r)$K
Largeur des murs en retour avec t_1 = 1,00 = $0,10-0,30r+2H$
Largeur des murs en retour avec t_2 = 1,50 = $0,74-0,12r+3H$

Valeur de x en fonction de H et de la cote O du profil en long :
$x = O-(0,65+0,18r+H)$

81. TABLEAU N° 10.

PONCEAU SURBAISSÉ

entre talus en remblai, horizontal ou incliné, droit ou biais,

à une arche.

DÉSIGNATION des cubes, surfaces et longueurs.	NOMBRE des parties semblables	LONGUEURS avec $t_1 = 1,00$	LONGUEURS avec $t_2 = 1,50$	LARGEURS.	ÉPAISSEURS avec $t_1 = 1,00$	ÉPAISSEURS avec $t_2 = 1,50$
Déblais.						
Section des fondations des pieds-droits	2	$0,60+0,33r$	$0,60+0,33r$	$0,40+0,10r$		
Section de l'emplacement du radier	»	r	$0,40+0,01r$	$0,40+0,01r$	K $\left\{L+0,21+0,05r+0,20H+2x+0,90(L+2x)\frac{p^2}{1-p^2}\right\}\frac{100}{100-p^2}$	K $\left\{L+0,21+0,05r+0,20H+3x+0,94(L+3x)\frac{p^2}{0,12-p^2}\right\}\frac{100}{100-p^2}$
Section totale et cube	»	»	»	»	$0,81+0,05r+0,20H$	$0,81+0,05r+0,20H$
Fondations des murs en retour	2	$0,10-0,30r+2H$	$0,74-0,12r+3H$	$0,40+0,10r$		
Total						
Maçonnerie en moellons.						
1° Arche.						
Section des pieds-droits avec les fondations	2	$0,60+0,33r$	$0,60+0,33r$	$H+0,40+0,10r$		
Section du radier	»	r	r	$0,40$		
Section des culées	»	$0,40+0,30r$	$0,46+0,30r$	$0,25+0,18r$		
A ajouter	»	$0,14+0,03r$	$0,14+0,03r$	$0,12+0,02r$		
Total et section de culées	2					
Section des voûtes	»	$0,15+0,55r$	$0,15+0,55r$	$0,27+0,55r+0,03\frac{1}{r}$		
A déduire	»	$0,52r$	$0,52r$	$0,50r$		
Reste						
A déduire	»	$0,30+0,06r+0,07\frac{1}{r}$	$0,30+0,06r+0,07\frac{1}{r}$	$0,07+0,26r$		
Reste et section des voûtes	2					
Section totale et cube	»	»	»	»	K $\left\{L+0,14+0,03r+0,10H+2x+0,90(L+2x)\frac{p^2}{1-p^2}\right\}\frac{100}{100-p^2}$	K $\left\{L+0,14+0,03r+0,10H+3x+0,94(L+3x)\frac{p^2}{0,12-p^2}\right\}\frac{100}{100-p^2}$
2° Tympans.						
Section des tympans des voûtes	»	$0,14+0,53r$	$0,14+0,53r$	$0,27+0,62r+0,03\frac{1}{r}$		
A déduire	»	$0,15+0,55r$	$0,15+0,55r$	$0,27+0,55r+0,03\frac{1}{r}$		
Reste et section des tympans	2					
Section des tympans au-dessus du pont	»	$1,20+1,66r$	$1,20+1,66r$		K $\{0,64+0,01r\}$	K $\{0,64+0,01r\}$
Section totale et cube	2	»	»			

DÉSIGNATION des cubes, surfaces et longueurs.	Nombre des parties semblables	LONGUEURS avec $t_1 = 1,00$	LONGUEURS avec $t_1 = 1,50$	LARGEURS.	ÉPAISSEURS avec $t_1 = 1,00$.	ÉPAISSEURS avec $t_1 = 1,50$.
3° Murs en retour.						
Ensemble................	»	0,10—0,30r+2H	0,74—0,12r+3H	1,05+0,28r+H	0,70+0,03r+0,10H	0,70+0,03r+0,10H
Total de la maçonnerie.						
A déduire le cube de la pierre de taille comme ci-après......						
Reste pour la maçonnerie en moellons................						
Maçonnerie en pierre de taille.						
Pieds-droits..................	2	0,40+0,10r	0,40+0,10r	H+0,53+0,14r	$\frac{1}{10}$(0,20+0,05r)	$\frac{1}{20}$(0,20+0,05r)
Voussoirs..................	2	0,23+0,08r	0,23+0,08r	0,05+($\frac{x}{3}$+0,35)r	$\frac{1}{20}$(0,20+0,05r)	$\frac{1}{20}$(0,20+0,05r)
Cordon (au-dessus du pont)...	2	1,20+1,68r	(1,20+1,66r)K	0,30	0,63K	0,63K
Cordon (au-dessus des murs)..	2	0,10—0,30r+2H	0,74—0,12r+3H	0,30	0,63	0,63
Total....						
Surface de taillage.						
Pieds-droits..................	2	0,40+0,10r+$\frac{1}{5}$(0,40+0,10r)	0,40+0,10r+$\frac{1}{5}$(0,40+0,10r)	H+0,53+0,14r		
Voussoirs (face verticale).....	2	0,23+0,08r	0,23+0,08r	0,05+($\frac{x}{3}$+0,35)r		
Voussoirs (face au-dessous)...	2	1,04r	1,04r	$\frac{1}{5}$(0,20+0,05r)		
Cordon au-dessus du pont.....	2	(1,20+1,66r)K	(1,20+1,66r)K	0,30		
Cordon au-dessus des murs....	2	0,10—0,30r+2H	0,74—0,12r+3H	0,30		
Total....						
Chape.						
Au-dessus des voûtes.........	»	0,30+1,10r	0,30+1,10r	0,10	$K\left\{L-1,27-0,01r+2x+0,90(L+2x)\frac{P^2}{1-P^2}\right\}\frac{100}{100-P^2}$	$K\left\{L-1,27-0,01r+3x+0,94(L+3x)\frac{P^2}{0,43-P^2}\right\}\frac{100}{100-P^2}$
Remblais.						
Tympans..................						
Section des tympans..........					$K\left\{L-1,24-0,01r+2x+0,90(L+2x)\frac{P^2}{1-P^2}\right\}\frac{100}{100-P^2}$	$K\left\{L-1,28-0,01r+3x+0,94(L+3x)\frac{P^2}{0,43-P^2}\right\}\frac{100}{100-P^2}$
A déduire celle de la chape...						
Reste et cube...	»	»	»	»	K(L+x)	K(L+1,50x)
Au-dessus du pont..........	»	1,20+1,66r	1,20+1,66r	x		
Total...						

82. TABLEAU N° 11.

Cintrement d'une arche pour les ponts surbaissés, entre murs de soutènement.

La longueur de la lierne sera avec $t = 0{,}10$, $l_1 = K(L+0{,}07+0{,}06r+0{,}20x)\frac{100}{100-P^2}Q$

avec $t = 0{,}16$, $l_2 = K(L+0{,}11+0{,}10r+0{,}33x)\frac{36}{36-P^2}Q$

La longueur des couchis sera avec $t = 0{,}10$, $l'_1 = K(L+0{,}07+0{,}02r+0{,}20x)\frac{100}{100-P^2}Q$

avec $t = 0{,}16$, $l'_2 = K(L+0{,}11+0{,}03r+0{,}33x)\frac{36}{36-P^2}Q$

DÉSIGNATION des CUBES, SURFACES ET LONGUEURS.	NOMBRE DES PARTIES SEMBLABLES		LONGUEURS		LARGEURS.	ÉPAISSEURS.
	avec $t = 0{,}10$.	avec $t = 0{,}16$.	avec $t = 0{,}10$.	avec $t = 0{,}16$.		
Charpente.						
Pour une ferme :						
Entrait	1	1	r	r		
Potelets	2	2	$0{,}29r$	$0{,}29r$		
Aisseliers	2	2	$0{,}40r$	$0{,}40r$		
Arbalétriers	2	2	$0{,}58r$	$0{,}58r$	$0{,}10+0{,}02r$	$0{,}10+0{,}02r$
Faux entrait	1	1	$0{,}50r$	$0{,}50r$		
Poinçon	1	1	$0{,}14r$	$0{,}14r$		
Moises	6	6	$0{,}27r$	$0{,}27r$	$0{,}10+0{,}02r$	$0{,}05+0{,}01r$
Vaux	4	4	$0{,}26r$	$0{,}26r$	$0{,}10+0{,}03r$	
Semelles	2	2	$0{,}30+0{,}04r$	$0{,}30+0{,}04r$	$0{,}20+0{,}02r$	$0{,}05+0{,}01r$
Total						
Fermes semblables	$\frac{l_1}{1{,}50\,Q}$	$\frac{l_2}{1{,}50\,Q}$				
Liernes	2	2	l_1	l_2	$0{,}10+0{,}02r$	$0{,}10+0{,}02r$
Couchis	1	1	l'_1	l'_2	$1{,}04r$	$0{,}05+0{,}01r$
Cube du bois pour cintre.						
Fers.						
Boulons avec écrous	$7\left(1+\frac{l_1}{1{,}50Q}\right)$	$7\left(1+\frac{l_2}{1{,}50Q}\right)$				

83. TABLEAU N° 12.

Cintrement d'une arche pour les ponts surbaissés, entre talus de remblai.

La longueur des liernes sera avec $t = 1{,}00$, $l_1 = K\left\{L+0{,}13+0{,}06r+2x+0{,}90(L+2x)\frac{P^2}{1-P^2}\right\}\frac{100}{100-P^2}Q$

avec $t = 1{,}50$, $l_2 = K\left\{L+0{,}13+0{,}06r+3x+0{,}94(L+3x)\frac{P^2}{0{,}43-P^2}\right\}\frac{100}{100-P^2}Q$

La longueur des couchis sera avec $t = 1{,}00$, $l'_1 = K\left\{L+0{,}13+0{,}02r+2x+0{,}90(L+2x)\frac{P^2}{1-P^2}\right\}\frac{100}{100-P^2}Q$

avec $t = 1{,}50$, $l'_2 = K\left\{L+0{,}13+0{,}02r+3x+0{,}94(L+3x)\frac{P^2}{0{,}43-P^2}\right\}\frac{100}{100-P^2}Q$

DÉSIGNATION des CUBES, SURFACES ET LONGUEURS.	NOMBRE DES PARTIES SEMBLABLES		LONGUEURS		LARGEURS.	EPAISSEURS.
	avec $t_1 = 1{,}00$.	avec $t_2 = 1{,}50$.	avec $t_1 = 1{,}00$.	avec $t_2 = 1{,}50$.		
Charpente.						
Pour une ferme (comme ci-dessus)						
Fermes semblables	$\frac{l_1}{1{,}50\,Q}$	$\frac{l_2}{1{,}50\,Q}$				
Liernes	2	2	l_1	l_2	$0{,}10+0{,}02r$	$0{,}10+0{,}02r$
Couchis	1	1	l'_1	l'_2	$1{,}04r$	$0{,}05+0{,}01r$
Cube du bois pour cintre.						
Fers.						
Boulons avec écrous	$7\left(1+\frac{l_1}{1{,}50Q}\right)$	$7\left(1+\frac{l_2}{1{,}50Q}\right)$				

CHAPITRE III.

DES PONTS PLATS OU AQUEDUCS.

SECTION PREMIÈRE.

PRINCIPES GÉNÉRAUX.

84. Les ponts plats ou aqueducs diffèrent des autres ponts, en ce que la voûte qui recouvre les ouvertures, est remplacée par des dalles qui s'appuyent sur les pieds-droits. On voit par conséquent que les ouvertures de ces sortes d'ouvrages sont limitées par la grandeur des dalles dont on peut disposer.

La simplicité de la forme des aqueducs permet de les cuber immédiatement sans avoir à s'occuper préalablement du calcul de leur section. Nous allons donc passer à l'examen des deux cas généraux correspondant, l'un au cas des murs de soutènement, l'autre au cas des talus de remblai.

Aqueducs entre murs de soutènement.

85. Les aqueducs entre murs de soutènement seront construits ainsi qu'il est indiqué dans la planche V, c'est-à-dire que la face de tête de ces ouvrages se confondra avec le parement extérieur du mur. Les largeurs de prise et la hauteur des dalles de recouvrement, seront déterminées de façon que les dalles de tête puissent se raccorder avec l'appareil des chaînes d'angles des pieds-droits, soit dans la disposition des carreaux et des boutisses, soit dans la hauteur d'assise.

86. Si nous désignons par *o* la largeur des ouvertures, par B l'épaisseur d'un pied-droit de culée ou pile, c'est-à-dire d'un mur de support, et si nous conservons les autres annotations employées jusqu'à présent, le cube d'un aqueduc entre mur de soutènement, pour une position quelconque d'axe, sera donné par le tableau suivant. Il est bon d'observer que dans ce tableau, pour que l'appareil de la pierre de taille soit indépendant de la position de l'axe de l'ouvrage, la largeur de prise des dalles de couverture a été supposée égale à $\frac{7}{K}$.

DÉSIGNATION DES CUBES, SURFACES ET LONGUEURS.	NOMBRE des PARTIES semblables.	LONGUEURS.	LARGEURS.	EPAISSEURS.
Déblais.				
Section des fondat. des murs de support.	$m+1$	B	f	
Section de l'emplacement du radier...	m	o	$g+\frac{op}{4}$	
Section totale et cube.....	«	«	«	$K\left\{L+2(x+\delta+H+f)t\right\}\frac{T^2}{T^2-P^2}$
Maçonnerie en moellons.				
1° Aqueduc.				
Sect. des murs de support avec les fond.	$m+1$	B	$H+f$	
Section du radier....................	m	o	g	
Section totale et cube.....	«	«	«	$K\left\{L+2\left(x+\delta+\frac{H+f}{2}\right)t\right\}\frac{T^2}{T^2-P^2}$
2° Tympans.				
Section des tympans des culées.......	2	$B-\frac{\gamma}{K}$	δ	
Section des tympans des piles........	$(m-1)$	$B-\frac{2\gamma}{K}$	δ	
Sect. des tymp. au-dessus de l'aqueduc.	«	$m(o+B)+B$	$x\pm\frac{P(L-E)}{2}$	
Section totale et cube.....	2	«	«	$K\left\{E+\left(x\pm\frac{P(L-E)}{2}+\delta\right)t\right\}$
3° Parapets.				
Au-dessus des murs des tympans.....	2	$m(o+B)+B$	a	eK
Cube de la maçonnerie.				
A déduire la pierre de taille engagée, comme ci-après..................	$4m$	$\frac{\beta+\gamma}{2}$	$H+f$	$\frac{\beta+\gamma}{2KQ}$
Reste pour la maçonnerie en moellons.				
Maçonnerie en pierres de taille.				
Pieds-droits........................	$4m$	$\frac{\beta+\gamma}{2}$	$H+f$	$\frac{\beta+\gamma}{2KQ}$
Dalles de couverture................	m	$o+\frac{2\gamma}{K}$	δ	$K\left\{L+2\left(x+\frac{\delta}{2}\right)t\right\}\frac{T^2}{T^2-P^2}$
Total.........				
Surface de taillage.				
Pieds-droits........................	$4m$	$\frac{\beta+\gamma}{2}+\frac{\beta+\gamma}{2Q}$	$H+f$	
Dalles de tête......................	m	$oK+2\gamma$	δ	
Total.........				
Chaperon.				
Pour recouvrement des parapets.....	2	$[m(o+B)+B]K$		
Remblais.				
Section des tympans des culées.......	2	$B-\frac{\gamma}{K}$	δ	
Section des tympans des piles........	$m-1$	$B-\frac{2\gamma}{K}$	δ	
Section des tympans au-dessus.......	«	$m(o+B,+B$	x	
Section totale et cube.....	«	«	»	$K\left\{L-2E-(x+\delta)t\right\}\frac{T^2}{T^2-P^2}$

Aqueducs entre talus en remblai.

87. Les aqueducs entre talus en remblai seront construits suivant le même type que les ponts, c'est-à-dire avec des murs en retour. L'ouvrage sera couronné par un cordon en pierre de taille sur lequel viendra reposer le remblai fait au-dessus. Cette disposition est représentée dans la planche V.

88. En continuant d'adopter les annotations établies dans le § 86 et en désignant par Z, comme au § 63, la quantité constante $(L+2t_2x)\left(1-\frac{T_2}{T}\right)\frac{P^2}{T_2^2-P^2}$, le cube de ces aqueducs, pour une position quelconque d'axe, s'établira ainsi qu'il est indiqué par le tableau suivant :

DÉSIGNATION DES CUBES, SURFACES ET LONGUEURS.	Nombre des parties semblables.	LONGUEURS.	LARGEURS.	ÉPAISSEURS.
Déblais.				
Section des fondations des murs de support	$m+1$	B	f	
Section de l'emplacement du radier...	m	o	$g+\frac{op}{4}$	
Section totale et cube.......	«	«	«	$K\left\{L+2t_2x+2(2\delta+H+f)t+Z\right\}\frac{T^2}{T^2-P^2}$
Fondations des murs en retour.......	2	$2[T(2\delta+H)-B]$	f	$E+2(2\delta+H+f)t$
Total....				
Maçonnerie en moellons.				
1° Aqueducs.				
Section des murs de support avec les fondations..........	$m+1$	B	$H+f$	
Section du radier..................	m	o	g	
Section totale et cube.......	«	«	«	$K\left\{L+2t_2x+2\left(2\delta+\frac{H+f}{2}\right)t+Z\right\}\frac{T^2}{T^2-P^2}$
2° Tympans.				
Section des tympans de culées.......	2	$B-\frac{\gamma}{K}$	δ	
Section des tympans de piles........	$m-1$	$B-\frac{2\gamma}{K}$	δ	
Section des tympans au-dessus.......	«	$m(o+B)+B$	δ	
Section totale et cube.......	«	«	«	$K(E+2\delta t)$
3° Murs en retour.				
Ensemble.........................	2	$2[T(2\delta+H)-B]$	$2\delta+H+f$	$E+(2\delta+H+f)t$
Total de la maçonnerie......				
A déduire le cube de la pierre de taille engagée (les chaînes d'angles des pieds-droits et le cordon) comme ci-après :				
Reste pour la maçonnerie en moellons				

DÉSIGNATION DES CUBES, SURFACES ET LONGUEURS.	Nombre des parties semblables.	LONGUEURS.	LARGEURS.	ÉPAISSEURS.
Maçonnerie en pierre de taille.				
Pieds-droits..........................	$4m$	$\frac{\beta+\gamma}{2}$	$H+f$	$\frac{\beta+\gamma}{2KQ}$
Dalles de couvertures...............	m	$o+\frac{2\gamma}{K}$	δ	$K\{L+2t_{,}x+3\delta t+Z\}\frac{T^2}{T^2-P^2}$
Cordon (au-dessus de l'aqueduc).....	2	$m(o+B)+B$	δ	$K(E+\delta t)$
Cordon (au-dessus des murs en retour)	2	$2[T(2\delta+H)-B]$	δ	$E+\delta t$
Total....				
Surface de taillage.				
Pieds-droits..........................	$4m$	$\frac{\beta+\gamma}{2}+\frac{\beta+\gamma}{2Q}$	$H+f$	
Dalles de tête........................	$2m$	$oK+2\gamma$	δ	
Cordon (au-dessus de l'aqueduc).....	2	$[m(o+B)+B]K$	δ	
Cordon (au-dessus des murs).........	2	$2[T(2\delta+H)-B]$	δ	
Total....				
Remblai.				
Remblai des tympans...............				
Section des culées..........	2	$B-\frac{\gamma}{K}$	δ	
Section des piles...........	$m-1$	$B-\frac{2\gamma}{K}$	δ	
Section au-desous...........	«	$m(o+B)+B$	δ	
Section totale et cube......	«	«	»	$K\{L+2t_{,}x-2E-2\delta t+Z\}\frac{T^2}{T^2-P^2}$
Remblai au-dessus de l'ouvrage......	«	$m(o+B)+B$	x	$K(L+t_{,}x)$
Total....				

SECTION DEUXIÈME.

APPLICATIONS PRATIQUES.

89. Nous supposerons l'ouverture des aqueducs égale à 0,80, qui est la largeur la plus usitée. L'épaisseur des murs de support sera alors égale à l'épaisseur minimum d'un mur 0,60. Nous supposerons, en outre, que l'épaisseur et la pente transversale du radier soient comme précédemment $g = 0,40$ et $p = 0,05$, et nous fixerons la profondeur des fondations à 0,50. Quant aux dimensions de la pierre de taille, nous prendrons pour les boutisses $\beta = 0,30$, pour les carreaux $\gamma = 0,20$ et pour la hauteur d'assise $\delta = 0,30$.

Si nous adoptons maintenant pour les dimensions des parties constituantes de la route, les mêmes valeurs que précédemment, celles qui ont été fixées au § 44, il nous sera facile de former les deux tableaux suivants qui donnent le cube d'un aqueduc à une ouverture entre murs de soutènement et entre talus en remblai.

...r de l'emplacement occupé sur le profil en long.
(1,40m+0,60)K

90. **TABLEAU N° 13.**

Valeur de x en fonction de H et de la côte O du profil en long.
$x = O - (H + 0,30)$

PONT PLAT OU AQUEDUC

entre murs de soutènement, horizontal ou incliné, droit ou biais,
à une ou plusieurs ouvertures.

DÉSIGNATION des ...s, SURFACES ET LONGUEURS.	Nombre des parties semblables.	LONGUEURS.	LARGEURS.	ÉPAISSEURS avec $t = 0,10$.	ÉPAISSEURS avec $t = 0,16$.
Deblais.					
...ion des fondations des ...urs de support.......	$m+1$	0,60	0,50		
...ion de l'empl. du radier.	m	0,80	0,41		
Section totale et cube.	«	«	«	$K\{L+0,16+0,20H+0,20x\{\frac{100}{100-P^2}$	$K\{L+0,26+0,33H+0,33x\{\frac{36}{36-P^2}$
Maçonnerie en moellons.					
1° Aqueduc.					
...ion des murs de support	$m+1$	0,60	0,50+H		
...ion du radier.........	m	0,80	0,40		
Section totale et cube.	«	«	«	$K\{L+0,11+0,10H+0,20x\{\frac{100}{100-P^2}$	$K\{L+0,18+0,16H+0,33x\{\frac{36}{36-P^2}$
2° Tympans.					
TYMPAN D'AVAL.					
...t. des tympans des culées	2	$0,60-\frac{0,20}{K}$	0,30		
...t. des tympans des piles.	$m-1$	$0,60-\frac{0,40}{K}$	0,30		
...t. des tymp. au-dessus.	«	1,40m+0,60	$x+\frac{PL}{2}-0,30$		
Section totale et cube.	«	«	«	$K[0,63+0,10x+0,05PL-0,03P]$	$K[0,64+0,16x+0,08PL-0,05P]$
TYMPAN D'AMONT.					
...t. des tympans des culées	2	$0,60-\frac{0,20}{K}$	0,30		
...t. des tympans des piles.	$m-1$	$0,60-\frac{0,40}{K}$	0,30		
...t. des tymp. au-dessus.	«	1,40m+0,60	$x-\frac{PL}{2}+0,30$		
Section totale et cube.	«	«	«	$K[0,63+0,10x-0,05PL+0,03P]$	$K[0,64+0,16x-0,08PL+0,05P]$
3° Parapets.					
...dessus des murs des tymp.	2	1,40m+0,60	0,70		
Cube de la maçonnerie.					
...la pierre de taille engagée comme ci après ...te p. la maç. en moellons					
...çonnerie en pierres de taille.					
...ds-droits............	4m	0,25	0,50+H	$\frac{0,25}{KQ}$	$\frac{0,25}{KQ}$
...les de couverture.....	m	$0,80+\frac{0,40}{K}$	0,30	$K\{L+0,03+0,20x\{\frac{100}{100-P^2}$	$K\{L+0,05+0,33x\{\frac{36}{36-P^2}$
Total....					
Surface de taillage.					
...ds-droits............	4m	$0,25+\frac{0,25}{Q}$	0,50+H		
...les de tête...........	m	0,80K+0,40	0,30		
Total....					
Chaperon.					
...ur recouvr. des parapets.	2	(1,40m+0,60)K			
Remblais.					
...t. des tympans des culées	2	$0,60-\frac{0,20}{K}$	0,30		
...t. des tympans des piles.	$m-1$	$0,60-\frac{0,40}{K}$	0,30		
...t. des tymp. au-dessus.	«	1,40m+0,60	x		
Section totale et cube.	«	«	«	$K\{L-1,23-0,10x\{\frac{100}{100-P^2}$	$K\{L-1,25-0,16x\{\frac{36}{36-P^2}$

91. TABLEAU N° 14.

PONT PLAT OU AQUEDUC

entre talus de remblai, horizontal ou incliné, droit ou biais,
à une ou plusieurs ouvertures.

Largeur de l'emplacement occupé sur le profil en long.

Largeur de l'aqueduc................ $=(1,40m+0,60)K$
Largeur des murs en retour avec $t_2=1,00$, $=H$
Largeur des murs en retour avec $t_2=1,50$, $=0,60+3H$

Valeur de x en fonction de H et de la côte O du profil en long.

$x=O-(H+0,60)$

DÉSIGNATION des cubes, surfaces et longueurs.	NOMBRE des parties semblables.	LONGUEURS avec $t_2=1,00$.	LONGUEURS avec $t_2=1,50$.	LARGEURS.	ÉPAISSEURS avec $t_2=1,00$.	ÉPAISSEURS avec $t_2=1,50$.
Déblais.						
Section des fondations des murs de support.....	$m+1$	0,60	0,60	0,50		
Section de l'emplacement du radier..........	m	0,80	0,80	0,41		
Section totale et cube.....	«	«	«	«	$K\left\{L+0,22+0,20H+2x+0,90(L+2x)\frac{P^2}{1-P^2}\right\}\frac{100}{100-P^2}$	$K\left\{L+0,22+0,20H+3x+0,94(L+3x)\frac{P^2}{0,43-P^2}\right\}\frac{100}{100-P^2}$
Fondations des murs en retour..............	2	2H	0,60+3H	0,50	0,82+0,20H	0,82+0,20H
Total.....						
Maçonnerie en moellons.						
1° Aqueduc.						
Section des murs de support..............	$m+1$	0,60	0,60	0,50+H		
Section du radier..............	m	0,80	0,80	0,40		
Section totale et cube.....	«	«	«	«	$K\left\{L+0,17+0,10H+2x+0,90(L+2x)\frac{P^2}{1-P^2}\right\}\frac{100}{100-P^2}$	$K\left\{L+0,17+0,10H+3x+0,94(L+3x)\frac{P^2}{0,43-P^2}\right\}\frac{100}{100-P^2}$
2° Tympans.						
Section des tympans de culées..............	2	$0,60-\frac{0,20}{K}$	$0,60-\frac{0,20}{K}$	0,30		
Section des tympans de piles..............	$m-1$	$0,60-\frac{0,40}{K}$	$0,60-\frac{0,40}{K}$	0,30		
Section des tympans au-dessus..............	«	1,40m+0,60	1,40m+0,60	0,30		
Section totale et cube.....	«	«	«	«	0,66K	0,66K
3° Murs en retour.						
Ensemble..............	2	2H	0,60+3H	1,10+H	0,71+0,10H	0,71+0,10H
Total de la maçonnerie...						
A déduire la pierre de taille engagée (pieds-droits et cordon) comme ci-après						
Reste pour la maçonnerie en moellons...						
Maçonnerie en pierre de taille.						
Pieds-droits..............	4m	0,25	0,25	0,50+H	$\frac{0,25}{KQ}$	$\frac{0,25}{KQ}$
Dalles de couverture..............	m	$0,80+\frac{0,40}{K}$	$0,80+\frac{0,40}{K}$	0,30	$K\left\{L+0,09+2x+0,90(L+2x)\frac{P^2}{1-P^2}\right\}\frac{100}{100-P^2}$	$K\left\{L+0,09+3x+0,94(L+3x)\frac{P^2}{0,43-P^2}\right\}\frac{100}{100-P^2}$
Cordon au-dessus de l'aqueduc..............	2	1,40m+0,60	1,40m+0,60	0,30	0,63K	0,63K
Cordon au-dessus des murs..............	2	2H	0,60+3H	0,30	0,63	0,63
Total.....						
Surface de taillage.						
Pieds-droits..............	4m	$0,25+\frac{0,25}{Q}$	$0,25+\frac{0,25}{Q}$	0,30+H		
Dalles de tête..............	2m	0,80K+0,40	0,80K+0,40	0,30		
Cordon au-dessus de l'aqueduc..............	2	K(1,40m+0,60)	K(1,40m+0,60)	0,30		
Cordon au-dessus des murs..............	2	2H	0,60+3H	0,30		
Total.....						
Remblais.						
Remblai des tympans..............						
Section des culées..............	2	$0,60-\frac{0,20}{K}$	$0,60-\frac{0,20}{K}$	0,30		
Section des piles..............	$m-1$	$0,60-\frac{0,40}{K}$	$0,60-\frac{0,40}{K}$	0,30		
Section au-dessus..............	«	1,40m+0,60	1,40m+0,60	0,30		
Section totale et cube.....	«	«	«	«	$K\left\{L-1,26+2x+0,90(L+2x)\frac{P^2}{1-P^2}\right\}\frac{100}{100-P^2}$	$K\left\{L-1,26+3x+0,94(L+3x)\frac{P^2}{0,43-P^2}\right\}\frac{100}{100-P^2}$
Remblai au-dessus de l'ouvrage..............	«	1,40m+0,60	1,40m+0,60	x	$K(L+x)$	$K(L+1,50x)$

91. TABLEAU N° 14.

PONT PLAT OU AQUEDUC

entre talus de remblai, horizontal ou incliné, droit ou biais,
à une ou plusieurs ouvertures.

Largeur de l'emplacement occupé sur le profil en long.

Largeur de l'aqueduc.... ....=(1.40m+0,60)K
Largeur des murs en retour avec t_1=1 00.=H
Largeur des murs en retour avec t_1=1.50.=0,60+3H

Valeur de x en fonction de H et de la côte O du profil en long.

x=O—(H+0,50)

DÉSIGNATION des cubes, surfaces et longueurs.	NOMBRE des parties semblables.	LONGUEURS avec t_1 = 1,00.	LONGUEURS avec t_1 = 1,50.	LARGEURS.	ÉPAISSEURS avec t_1 = 1,00.	ÉPAISSEURS avec t_1 = 1,50.
Déblais.						
Section des fondations des murs de support.....	m + 1	0.60	0.60	0,50		
Section de l'emplacement du radier............	m	0,80	0,80	0,41		
Section totale et cube.....	«	«	«	«	$K\{L+0,22+0,20H+2x+0,90(L+2x)\frac{P^2}{1-P^2}\}\frac{100}{100-P^2}$	$K\{L+0,22+0,20H+3x+0,94(L+3x)\frac{P^2}{0,43-P^2}\}\frac{100}{100-P^2}$
Fondations des murs en retour................	2	2H	0,60+3H	0,50	0,82+0,20H	0,82+0,20H
Total.....						
Maçonnerie en moellons.						
1° Aqueduc.						
Section des murs de support...........	m + 1	0,60	0.60	0,50+H		
Section du radier....................	m	0,80	0.80	0,40		
Section totale et cube.....	«	«	«	«	$K\{L+0,17+0,10H+2x+0,90(L+2x)\frac{P^2}{1-P^2}\}\frac{100}{100-P^2}$	$K\{L+0,17+0,10H+3x+0,94(L+3x)\frac{P^2}{0,43-P^2}\}\frac{100}{100-P^2}$
2° Tympans.						
Section des tympans de culées................	2	$0,60-\frac{0,20}{K}$	$0.60-\frac{0,20}{K}$	0.30		
Section des tympans de piles.................	m — 1	$0.60-\frac{0,40}{K}$	$0.60-\frac{0,40}{K}$	0,30		
Section des tympans au-dessus...............	«	1,40m+0,60	1,40m+0,60	0.30		
Section totale et cube.....	«	«	«	«	0,66K	0,66K
3° Murs en retour.						
Ensemble....................	2	2H	0,60+3H	1,40+H	0,71+0,10H	0,71+0,10H
Total de la maçonnerie....						
A déduire la pierre de taille engagée (pieds-droits et cordon) comme ci-après :						
Reste pour la maçonnerie en moellons...						
Maçonnerie en pierre de taille.						
Pieds-droits..................................	4m	0,25	0,25	0,50+H	$\frac{0,25}{KQ}$	$\frac{0,25}{KQ}$
Dalles de couverture..........................	m	$0.80+\frac{0,40}{K}$	$0,80+\frac{0,40}{K}$	0,30	$K\{L+0,09+2x+0,90(L+2x)\frac{P^2}{1-P^2}\}\frac{100}{100-P^2}$	$K\{L+0,09+3x+0,94(L+3x)\frac{P^2}{0,43-P^2}\}\frac{200}{100-P^2}$
Cordon au-dessus de l'aqueduc...............	2	1,40m+0,60	1,40m+0,60	0,30	0,63K	0,63K
Cordon au-dessus des murs...................	2	2H	0,60+3H	0.30	0,63	0,63
Total...						
Surface de bouchage.						
Pieds-droits..................................	4m	$0,25+\frac{0,25}{Q}$	$0,25+\frac{0,25}{Q}$	0,50+H		
Dalles de tête................................	2m	0.80K+0.40	0.80K+0.40	0 30		
Cordon au-dessus de l'aqueduc.	2	K(1,40m+0,60)	K(1 40+0.60)	0,30		
Cordon au-dessus des murs..................	2	2H	0,60+3H	0,30		
Total....						
Remblais.						
Remblai des tympans........................						
Section des culées.............	2	$0,60-\frac{0,20}{K}$	$0,60-\frac{0,20}{K}$	0,30		
Section des piles.............	m — 1	$0,60-\frac{0,40}{K}$	$0,60-\frac{0,40}{K}$	0,30		
Section au-dessus..	«	1,40m+0,60	1,40m+0,60	0.30		
Section totale et cube.....	«	«	«	«	$K\{L-1,26+2x+0,90(L+2x)\frac{P^2}{1-P^2}\}\frac{100}{100-P^2}$	$K\{L-1,26+3x+0,94(L+3x)\frac{P^2}{0,43-P^2}\}\frac{100}{100-P^2}$
Remblai au-dessus de l'ouvrage.............	«	1.40m+0,60	1.40m+0,60	x	K(L+x)	K(L+1,50x)

CHAPITRE IV.

INSTRUCTION SPÉCIALE

Pour l'usage des Tableaux pratiques.

92. Dans les chapitres précédents, nous avons donné les règles qui servent à établir des tableaux pratiques pour la confection des projets de ponts, et à l'aide de ces règles nous avons établi quatorze tableaux donnant des cubes de ponts à plein-cintre, surbaissés et plats, avec les cintrements nécessaires pour leur construction. Les tableaux nos 1, 2, 3 et 4 comprennent, ainsi que nous l'avons vu au § 50, la construction des ponts à plein-cintre dans vingt-quatre circonstances données. Les tableaux nos 7, 8, 9 et 10 présentent également le même nombre de cas pour la construction des ponts surbaissés. Quant aux tableaux nos 13 et 14, qui présentent un caractère plus général que les précédents, ils comprennent trente-deux cas différents pour les constructions des ponts plats ou aqueducs. C'est donc quatre-vingts espèces différentes de ponts avec leurs cintrements que renferment ces tableaux; et si, par la fusion deux à deux des tableaux nos 1, 3, 7 et 9 avec les tableaux nos 2, 4, 8 et 10, on réduit ces huit tableaux à quatre autres présentant le même caractère général que les tableaux nos 13 et 14, on étendra le nombre d'espèces de ponts à quatre-vingt-seize.

On voit donc que ces tableaux, par leur généralité, correspondent à tous les besoins de la pratique, et leur usage en est des plus faciles, puisqu'il n'exige que des substitutions de valeurs en place des lettres qu'ils renferment. Ils simplifient aussi considérablement la confection des dessins, car on peut se contenter de donner, dans la rédaction des projets, un seul dessin-type, comme il s'en trouve dans les planches, pour chaque nature d'ouvrages; il faudra seulement, lors de la construction, avoir soin de donner aux entrepreneurs les indications nécessaires pour les dimensions de chaque ouvrage. Ce dernier avantage se fera facilement sentir dans la confection des grands projets de route, qui renferment ordinairement des infinités de ponceaux.

Pour rendre l'application de ces tableaux plus facile, et pour en rendre l'usage accessible, non-seulement aux personnes qui ne voudraient pas prendre connaissance des règles de leur formation, mais même à celles qui ne posséderaient que de simples notions de calcul, nous avons cru devoir résumer brièvement ce qui précède et le convertir en règles pratiques pour l'usage des tableaux. Pour rendre ces règles plus intelligibles, nous les avons en outre appliquées à un exemple.

RÈGLES POUR L'USAGE DES TABLEAUX.

93. Levée sur le terrain des éléments du projet.

I. *Lorsqu'un projet de route devra renfermer un pont, on devra, lors des études sur le terrain, placer un profil en travers à la rencontre des directions de l'axe du cours d'eau et de l'axe du profil en long.*

II. *Ce profil en travers, au lieu d'être contenu comme les autres profils dans un plan vertical perpendiculaire à l'axe du profil en long, sera placé dans un plan vertical dirigé suivant la direction de l'axe du cours d'eau.*

III. *Le biais du pont se déterminera par l'angle que fera le plan vertical de ce profil avec un autre plan mené perpendiculairement au plan du profil en long, par l'intersection de ce dernier plan avec le premier. On aura soin de distinguer la position de l'angle à gauche ou à droite du plan perpendiculaire.*

IV. *L'inclinaison du pont se déterminera également sur ce profil par l'angle que fera la déclivité du terrain, régularisée suivant une même ligne au moyen d'un déblai, avec une horizontale menée dans le plan du profil, par l'intersection de cette déclivité et de l'axe du profil* (1).

V. *Des profils en travers, suffisamment rapprochés, détermineront la forme du sol aux abords de ce profil.*

DÉTERMINATION DE LA VALEUR DES LETTRES CONTENUES DANS LES TABLEAUX.

94. Détermination de la valeur des lettres KPQ relatives au biais et à l'inclinaison de l'axe du pont.

VI. *La valeur de la lettre K sera donnée par la table du § 58. On prendra, dans la colonne de cette table, intitulée* valeur de K, *le nombre correspondant à la valeur de l'angle du biais* (III).

VII. *Pour trouver la valeur de la lettre P contenue dans les tableaux, on prendra, dans la table du* § 58, *le nombre de la colonne intitulée* valeur de P, *qui correspondra à la valeur de l'angle d'inclinaison* (IV). *On multipliera ensuite cette valeur par le coefficient* K, *déjà trouvé.* (VI.) *Le résultat sera la valeur à substituer en place de* P *dans les tableaux.*

VIII. *Pour trouver la valeur de* Q, *on n'aura qu'à prendre, dans la table du* § 58, *la valeur de* K, *correspondant à l'angle d'inclinaison* (IV).

95. Détermination de la valeur des lettres O, R, o, M, H et X, dimensions du pont.

IX. *La régularisation du terrain du profil en travers placé à l'axe du cours d'eau* (I), *entraînant souvent un déblai sur l'axe de ce profil* (IV), *on déterminera la profondeur de ce déblai, et en l'ajoutant à la cote qui exprime sur l'axe du profil la différence de niveau entre la voie et le sol primitif, on aura la hauteur totale* O *du pont au-dessus des fondations.*

X. *On fixera le rayon* R *des arches du pont, ou l'ouverture* o, *s'il s'agit d'un aqueduc ; ainsi que le nombre* m *des arches et la hauteur* H *des pieds-droits, en raison de la hauteur totale* O (IX) *et du débouché à donner à l'ouvrage* (2). *On calculera ensuite la valeur de* X *au moyen des formules données pour chaque tableau. Les valeurs de* X *ne pourront être moindre de* $0^m,30+\frac{(L-1,20)P}{2K}$ *pour les ponts entre murs de soutènement et de* $\frac{LP}{2K}$ *pour les ponts entre talus en remblai,* L *représentant la largeur de la route.*

CUBE DU PONT.

96. Placement du pont entre deux profils en travers.

XI. *A l'aide des valeurs précédentes, on déterminera, au moyen des formules données pour chaque tableau, la largeur spécialement dite du pont. Cette largeur calculée, on en portera la moitié, sur le profil en long, à droite et à gauche de l'axe du cours d'eau. On déterminera ainsi l'emplacement de deux profils extrêmes qui comprendront le pont.*

XII. *Ces profils extrêmes seront établis, à l'aide des profils qui les comprennent, par les règles qui servent, dans les méthodes de construction de route, au calcul des cotes de points intermédiaires.*

---

(1) Jusqu'à présent, nous avions supposé qu'on déterminait cette inclinaison sur le profil en travers, perpendiculaire au profil en long. Cette supposition est plus commode en théorie qu'en pratique et nous avons dû en conséquence la modifier ici.

(2) Le débouché à donner à l'ouvrage peut se déterminer facilement par la moyenne des diverses sections équidistantes des hautes eaux, prise sur une certaine étendue du cours d'eau, en amont et en aval de l'emplacement du pont.

XIII. *L'application du gabarit de la route sur ces profils et le calcul des surfaces de déblais, de remblais, et de maçonnerie, se feront absolument comme pour les autres profils en travers de la route et dans le cas de talus en remblai, comme si le contour et les sections du profil ne devaient pas être modifiés par l'établissement de murs en retour; on aura seulement le soin, dans le cas de murs de soutènement, de descendre les fondations des murs à la même profondeur que celles du pont. L'établissement d'un pont biais ne modifiera en rien la supposition précédente.*

XIV. *Les calculs ordinaires de la route s'arrêteront au premier de ces deux profils, et se suspendront pendant l'intervalle qui les sépare; ils reprendront après le second, absolument comme si on laissait de l'un à l'autre une lacune dans la construction de la route.*

97. Déblais pour emplacement.

XV. *La section des déblais à faire pour l'emplacement du pont, et au besoin pour le dégagement de ses abords, sera déterminée sur le profil en long par une horizontale, menée à une distance O (IX) au-dessous du niveau de la route par deux verticales menées à l'aplomb des profils extrêmes, et enfin par la ligne de terrain du profil en long.*

XVI. *Si l'ouvrage comporte des murs en retour, on calculera leur longueur cumulée par les formules annexées aux tableaux. On portera la moitié de cette longueur sur les prolongements à droite et à gauche de la ligne horizontale, base de la section précédente. Par les extrémités de la ligne ainsi obtenue, on mènera des verticales, qui, avec la ligne de terrain, détermineront de chaque côté de la première section, deux autres sections représentant les sections moyennes des déblais à faire pour l'emplacement des murs en retour.*

XVII. *La section des déblais pour emplacement du pont devra être multipliée par l'épaisseur indiquée par le tableau pour les fondations du pont. Les sections des déblais pour emplacement des murs en retour devront être multipliées par le double de l'épaisseur indiquée par le tableau pour les fondations des murs en retour.*

XVIII. *Si le pont était biais, au lieu de prendre, pour l'épaisseur des déblais de l'emplacement du pont, l'épaisseur des fondations du pont telle qu'elle est dans le tableau, il faudrait y supposer préalablement K = I. L'épaisseur des déblais pour emplacement des murs en retour reste la même que précédemment.*

XIX. *Si l'on veut, outre les déblais pour emplacement du pont, faire des déblais pour en dégager les abords, il n'y a qu'à prendre une épaisseur supérieure à celle des fondations du pont.*

98. Cube du pont.

XX. *Pour obtenir le cube du pont, il n'y aura qu'à regarder quel est le fruit T des murs, ou le fruit t_2 des talus de la route que l'on considère; prendre les colonnes correspondantes, et substituer, dans le tableau, la largeur L de la route et les autres valeurs précédemment trouvées. Il faudra, en outre, se rappeler que, dans les pleins-cintres, n représente la partie entière du rayon.*

99. L'application de ces règles se simplifie la plupart du temps, soit dans le calcul des déblais pour emplacement, par suite de la disposition favorable du sol, soit dans le cube du pont, par suite de la position particulière de l'axe de l'ouvrage. L'on pourra remarquer, en effet, que le biaisement du pont s'opère en multipliant certaines dimensions par le coefficient K; si l'ouvrage est droit, l'angle du biais est nul et K = 1 (§ 58). D'un autre côté, l'inclinaison s'opère dans les ouvrages entre murs de soutènement, en multipliant certaines dimensions par les coefficients $\frac{100}{100-P^2}$ $\frac{36}{36-P^2}$, suivant le fruit des murs, et dans les ouvrages entre talus en remblai, en multipliant par $\frac{100}{100-P^2}$ des dimensions augmentées d'une constante, qui est, suivant le fruit des talus, $0,90\,(L+2x)\frac{P^2}{1-P^2}$ ou $0,94\,(L+3x)\frac{P^2}{0,43-P^2}$; si l'ouvrage est horizontal, l'angle d'inclinaison est nul, $P=0$ (§ 58) et alors $Q=1$ (§ 58) $\frac{100}{100-P^2}=1$,

$\frac{36}{36-P^2}=1$, $0,90\ (L+2x)\ \frac{P^2}{1-P^2}=0$, $0,94\ (L+3x)\ \frac{P^2}{0,43-P^2}=0$. Ces remarques faciliteront beaucoup les calculs.

La substitution de la valeur de r dans les tableaux est la seule qui soit un peu longue. Il est facile d'y remédier en établissant une table de multiplication, comprenant en multiplicande la série des rayons de $0^m,10$ en $0^m,10$ ou $0^m,20$ en $0^m,20$, etc..., et en multiplicateur la série des coefficients de r indiquée dans les tableaux. La formation d'une pareille table est très-simple et abrège de beaucoup le calcul des substitutions.

On peut aussi, lorsque l'on aura un pont à établir, commencer par substituer la valeur de r, en laissant les autres indéterminées, et conserver le résultat de cette substitution. On aura alors un tableau applicable à toute ouverture semblable, et dans lequel on n'aura plus à faire que des substitutions insignifiantes. Cette manière de procéder abrègera, par la suite, considérablement le travail ; nous ne saurions trop la recommander.

Si l'on voulait se rendre compte des éléments nécessaires pour la confection des dessins ou pour la construction des ponts, on n'aurait qu'à consulter les §§ 9, 10, 14, 15, 41, 43, 44, 45, 46, 47, 48, 49, 60, 62, 68, 70, 71, 72, 73, 74, 75, 85, 87 et 89, dont l'intelligence ne présente aucune difficulté.

100. Pour rendre plus facile l'usage des règles que nous venons de donner, nous allons en faire l'application à un exemple que nous prendrons parmi les plus compliqués.

Soit ABC un profil en long (Pl VI) et *aAb*, *cBd*, *eCf*, trois profils en travers pris aux points A B C du profil en long. Supposons qu'on ait à établir au profil B, pour la route qui est indiquée sur ces profils et qui est de 6^m00 de largeur, un ponceau à plein-cintre de 3^m50 de débouché, le profil en travers pris au point B devra, par conséquent, avoir été dirigé suivant l'axe du ravin C*d*, qui fait un angle *d*B*g* de 33° avec une horizontale B*g* perpendiculaire au plan du profil en long. (I. II. III.)

Nous voyons, en premier lieu, que le ponceau sera à plein-cintre, entre talus de remblais inclinés à 1,50 de base pour 1 de hauteur, ainsi que l'indique le profil en travers de la route, et de plus, biais à 33°. L'aspect du profil en travers *c*B*d* pris au point B, nous fait voir que le ponceau sera en outre incliné. Appliquons sur ce profil le gabarit de la route biaisé à 33°, et nous reconnaîtrons qu'en menant la ligne *g*E*h* qui régularise le lit du ruisseau, au moyen d'un déblai de 0,50 au point B, l'axe de l'ouvrage devra être incliné à 8° (IV). Notre ponceau sera alors à plein-cintre, entre talus en remblai dont le fruit $t_1=1,50$, biais à 33°, et incliné à 8°. C'est donc au tableau n° 4 qu'il nous faut recourir.

Cherchons actuellement la valeur des lettres KPQ, coefficients relatifs à la position de l'axe du ponceau. La valeur de la lettre K se trouvera à la table du § 58, vis-à-vis l'angle de biais 33° ; on a donc K=1,192 (VI). Pour avoir la valeur de P, nous prendrons, dans la même table, à la colonne des valeurs de P, le nombre 0,140 correspondant à l'angle d'inclinaison 8°; mais ce nombre 0,40 n'est pas la valeur de P à substituer dans le tableau ; il faut, en outre, le multiplier par le coefficient K=1,192, déjà trouvé, ce qui donne P=0,140×1, 192=0,166 (VII). Quant à la valeur de Q elle est donnée par la valeur de K de la même table, correspondant à l'angle d'inclinaison 8°; on a donc Q=1,009. (VIII).

La cote de remblai au point B étant de 5,00, si nous y ajoutons la hauteur du déblai 0^m50 fait au même point pour la régularisation du lit, nous aurons, pour la hauteur totale du pont, $0=5^m50$ (IX).

Cherchons actuellement les valeurs de r H et x. Les valeurs de r et de H doivent être telles que le pont présente un debouché de 3^m50 ; on doit donc avoir $2rH+1,57\ r^2=3,50$ (1). Mais on a, en outre, une autre condition à remplir; il faut que la valenr de x soit $\gtreqless \frac{PL}{2K}$ ou $\gtreqless 0,41$. Cette valeur de x

est, d'après la formule annexée au tableau, 0—(H+1, 10r+0,65); on aura donc, en remplaçant O par sa valeur, une seconde condition à laquelle doivent satisfaire les valeurs de r et de H, la condition 5,50—(H+1,10r+0,65) $\geqq$ 0,41 ou H+1,10r $\leqq$ 4,44 (2). On voit à priori qu'en faisant H=1 et r =1, les conditions (1) et (2) sont satisfaites. Nous adopterons ces valeurs qui donnent x=2,75, en faisant toutefois observer qu'on doit prendre, de préférence, les valeurs de H et de r qui donnent un minimum de maçonnerie, (X).

Au lieu d'établir les conditions précédentes, on peut se contenter de chercher, par tâtonnement, de valeurs de r et de H donnant le débouché demandé, et vérifier ensuite si ces valeurs de r et H, substituées dans la formule qui donne la valeur de x, fournissent pour x une valeur $\geqq \frac{PL}{2K}$ ou $\geqq$ 0,4.

Prenons sur le profil en long DE=5^{m},50, et traçons l'horizontale FG. La largeur de l'emplacement occupé par le pont sur le profil en long, sera, d'après la formule annexée au tableau, (1,20+2,80) 1,192=4,76. Portons la moitié de cette largeur 2,38 à droite et à gauche du point E sur l'horizontale FG, en F et en G, nous déterminerons ainsi l'emplacement des deux profils en travers qui doivent comprendre le pont. L'établissement de ces profils se fera par le calcul des cotes intermédiaires; nous nous contentons de donner ici celles qui sont nécessaires au pont, les cotes sur l'axe, 1^{m}09 au point F, et 1,69 au point G. On établira la route sur ces profils en travers comme dans les autres profils en travers du projet, et tous les calculs ordinaires se suspendront au premier pour reprendre au second. (XI, XII, XIII, XIV.)

La section des déblais à faire pour l'emplacement du pont sera IBLGF. Cette section sera égale à $\frac{1,09+0,50}{2} \times 2,38 + \frac{0,50+1,69}{2} \times 2,38 = 4,47$. (XV.)

La largeur des murs en retour sera, d'après la formule annexée au tableau, (0,75+2,50+3,00)= 6,25. Prenons la moitié de cette largeur 3,12 et portons-la sur les prolongements avant et arrière de FG, en H et en K. Elevons les verticales HM KN, nous déterminerons les sections moyennes MHFI LGKN des déblais à faire pour l'emplacement des murs en retour. En calculant HM et KN, on trouvera que ces sections sont respectivement égales à $\frac{1,87+1,09}{2} \times 3,12 = 4,61$ et $\frac{1,69+3,25}{2} \times 3,12 =$ 7,70. (XVI).

L'épaisseur des déblais pour emplacement, devant être celle des fondations du pont avant le biaisement, serait donné, d'après le tableau n° 4, par la substitution de L=6,r=1, H=1, x=2,75 P=0,166 dans la valeur $\left\{L+0,21+0,26r+0,20H+3x+0,94(L+3x)\frac{P^2}{0,43-P^2}\right\}\frac{100}{100-P^2}$ ce qui fournirait 15,81; mais, pour dégager les abords du pont, on prend le plus souvent un nombre quelconque, 20 mètres par exemple, de chaque côté de l'axe. Quant à l'épaisseur des déblais pour l'emplacement des murs en retour, elle sera 2 (0, 81+0, 26r+0, 20H) ou 2, 54. (XVII, XVIII, XIX.)

Pour obtenir maintenant le cube du pont, on n'a qu'à substituer, dans le tableau n° 4, en prenant les colonnes qui correspondent à t_2 =1,50, les valeurs L=6,00, K=1,192, P=0,166, Q=1,009, 0=5, 50, r=1, 00, H=1, x=2, 75. On facilitera la substitution en calculant préalablement la quantité constante 0, 94 (L+3x) $\frac{P^2}{0,43-P^2}$ =0, 89 et le coefficient $\frac{100}{100-P^2}$ =1, 00 (XX.) Le tableau suivant indique la disposition des calculs.

DESIGNATION DES CUBES, SURFACES ET LONGUEURS.	NOMBRE des parties semblables.	DIMENSIONS.			SURFACES		CUBES	
		Longueurs	Largeurs.	Épaisseurs.	Auxiliaires	Définitives.	Auxiliaires.	Définitifs.
PONCEAU A PLEIN-CINTRE								
Entre talus en remblai, dont le fruit $t_2=1,50$								
biais à 33° et incliné à 8°								
à construire au profil n°								
VALEUR des Lettres { O=5,50 | r=1,00 | x=2,75 | P=0,166 ; L=6,00 | H=1,00 | K=1,192 | Q=1,009								
Déblais.								
Déblais pour emplacement du pont.	»	0,79	2,38		1,88			
	»	1,09	2,38		2,59			
Section totale et cube...				15,81		4,47	70,67	
Déblais pour fondations des murs en retour....................	»	1,48	3,12		4,61			
	»	2,47	3,12		7,70			
Section totale et cube...	2	»	»	1,27		12,31	31,26	
Déblais pour fondations du pont...								
Section des culées.....	2	1,00	0,60	»	1,20			
Section du radier......	»	2,00	0,43	»	0,86			
Section totale et cube..	»	»	»	18,84		2,06	38,81	
Déblais pour fondations des murs en retour....................	2	6,25	0,60	1,27	»	»	9,52	
Total...	»	»	»	»	»	»		150,26
Maçonnerie en moellons.								
1° Arche.								
Section des pieds-droits avec les fondations....................	2	1,00	1,60	»	»	1,60		
Section du radier..............	»	2,00	0,40	»	»	0,80		
Section des culées..............	»	1,47	0,43	»	0,63			
A déduire...	»	0,52	0,50	»	0,26			
Reste...	»	»	»	»	0,37			
A ajouter...	»	0,53	0,43	»	0,22			
Total...	»	»	»	»	0,59			
A ajouter...	»	0,53	0,43	»	0,22			
Total et section...	2	»	»	»	0,81	1,62		
Section de la voûte............	»	1,58	1,21	»	1,91			
A déduire...	»	1,05	0,50	»	0,52			
Reste...	»	»	»	»	1,39			
A déduire...	»	1,06	0,74		0,78			
Reste et section de la voûte...	2	»	»	»	0,61	1,21		
Section totale et cube de l'arche.	«	»	»	18,48		5,23	96,65	

DESIGNATION DES CUBES, SURFACES ET LONGUEURS.	NOMBRE des parties semblables.	DIMENSIONS.			SURFACES		CUBES	
		Longueurs	Largeurs.	Épaisseurs	Auxiliaires	Définitives.	Auxiliaires.	Définitifs.
Report...	»	»	»	»	»	»	96,65	
2° Tympans.								
Section des tympans de culées.....	»	0,53	0,93	»	0,49			
A déduire...	»	0,53	0,43	»	0,22			
Reste et section...	2	»	»	»	0,27	0,54		
Section des tympans de la voûte...	»	1,47	1,46	»	2,14			
A déduire...	»	1,58	1,21	»	1,91			
Reste et section...	2	»	»	»	0,23	0,46		
Section des tympans du ponceau...	»	4,00	0,40	»	»	1,60		
Section totale et cube des tympans.	2	»	»	0,87	»	2,60	4,52	
3° Murs en retour.								
Ensemble.....................	2	6,25	3,35	0,93	»	»	38,94	
Total de la maçonnerie...	»	»	»	»	»	»		140,11
A déduire le cube de la pierre de taille comme ci-après :	»	»	»	»	»	»	»	5,11
Reste pour la maçonnerie en moellons								135,00
Maçonnerie en pierre de taille.								
Pieds-droits....................	2	0,60	1,60	0,25	»	»	0,48	
Voussoirs......................	2	0,78	1,21	0,25	»	»	0,47	
Cordon (au-dessus du ponceau)...	2	4,00	0,30	0,75	»	»	1,80	
Cordon (au-dessus des murs).....	2	6,25	0,30	0,63	»	»	2,36	
Total...	»	»	»	»	»	»		5,11
Surface de taillage.								
Pieds-droits....................	2	1,19	1,60	»	3,81			
Voussoirs (face verticale).........	2	0,78	1,21	»	1,89			
Voussoirs (face au-dessous).......	2	3,14	0,39	»	2,45			
Cordon (au-dessus du ponceau)...	2	4,76	0,30	»	2,86			
Cordon (au-dessus des murs)......	2	6,25	0,30	»	3,75			
Total...	»	»	»	»		14,76		
Chape.								
Au-dessus de la voûte...........	»	3,16	0,10	16,47	»	»	»	5,20
Remblais.								
Remblai des tympans............								
Section des tympans (comme ci-dessus).....................	»	»	»	»	»	2,60		
A déduire celle de la chape...	»	3,16	0,10	»	»	0,31		
Reste et cube...	»	»	»	16,46	»	2,29	37,69	
Remblai au-dessus du ponceau....	»	4,00	2,75	12,06	»	»	132,66	
Total...	»	»	»	»	»	»		170,35

TABLE DES MATIÈRES.

Pages.

PRÉLIMINAIRES.

CHAPITRE Ier.

Des Ponts à plein-cintre.

SECTION PREMIÈRE. — PRINCIPES GÉNÉRAUX.

Article Ier. — Section des ponts à plein-cintre

Article II. — Des ponts à plein-cintre.

CHAPITRE II.

Des Ponts surbaissés au tiers.

SECTION PREMIÈRE. — PRINCIPES GÉNÉRAUX.

Article Ier. — Section des ponts surbaissés au tiers.

Article II. — Des ponts surbaissés au tiers.

Article III. — Du cintrement.

SECTION DEUXIÈME. — APPLICATIONS PRATIQUES.

Article Ier. — Détermination des dimensions des parties constituantes d'un pont.

Article II. — Applications.

CHAPITRE III.

Des Ponts plats ou Aqueducs.

SECTION PREMIÈRE. — PRINCIPES GÉNÉRAUX.

SECTION DEUXIÈME. — APPLICATIONS PRATIQUES.

CHAPITRE IV.

INSTRUCTION SPÉCIALE POUR L'USAGE DES TABLEAUX PRATIQUES.

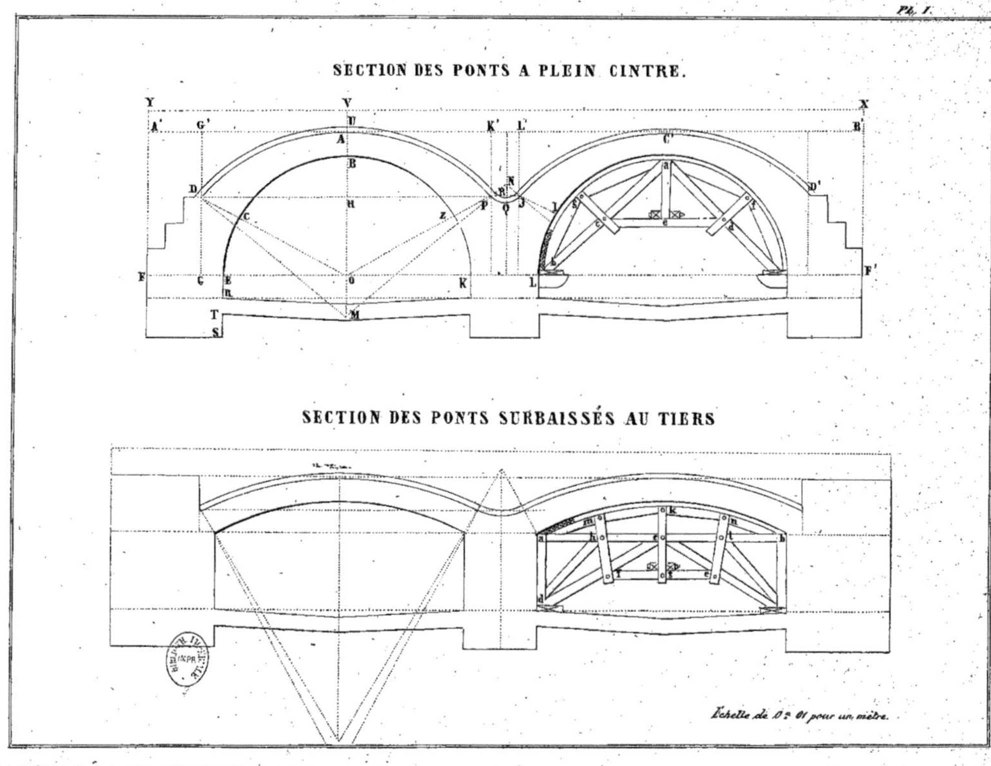
Pl. I.
SECTION DES PONTS A PLEIN CINTRE.
SECTION DES PONTS SURBAISSÉS AU TIERS
Échelle de 0m 01 pour un mètre.

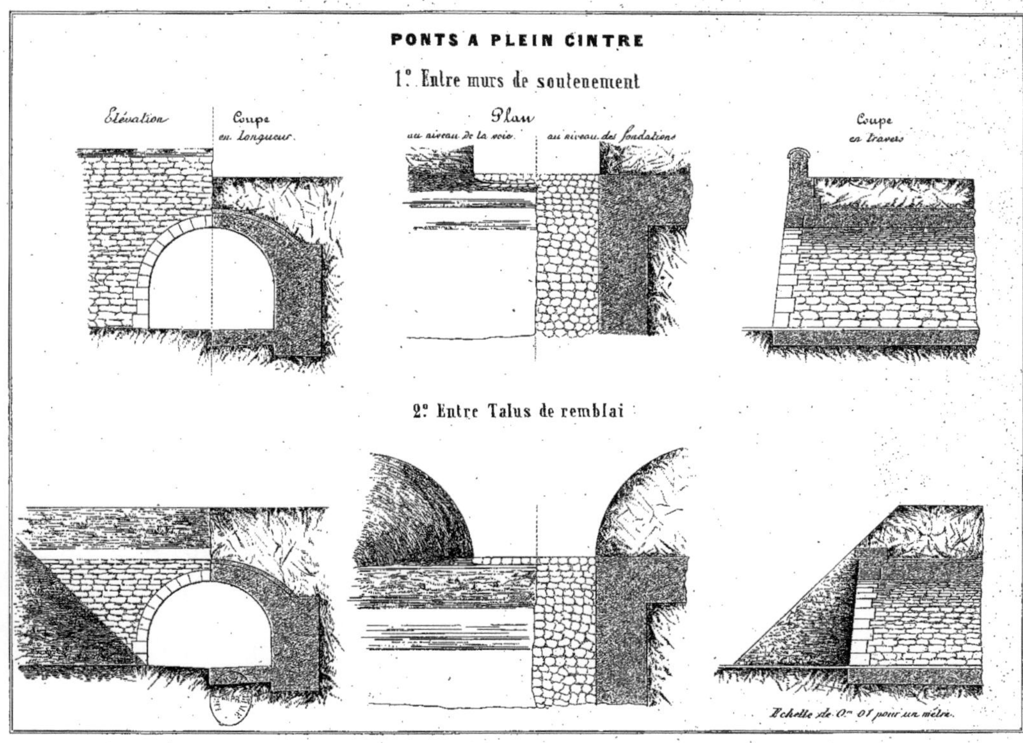
PONTS A PLEIN CINTRE
1°. Entre murs de soutenement
Élévation
Coupe en Longueur
Plan
au niveau de la voie
au niveau des fondations
Coupe en travers
2° Entre Talus de remblai
Echelle de 0m 01 pour un mètre.

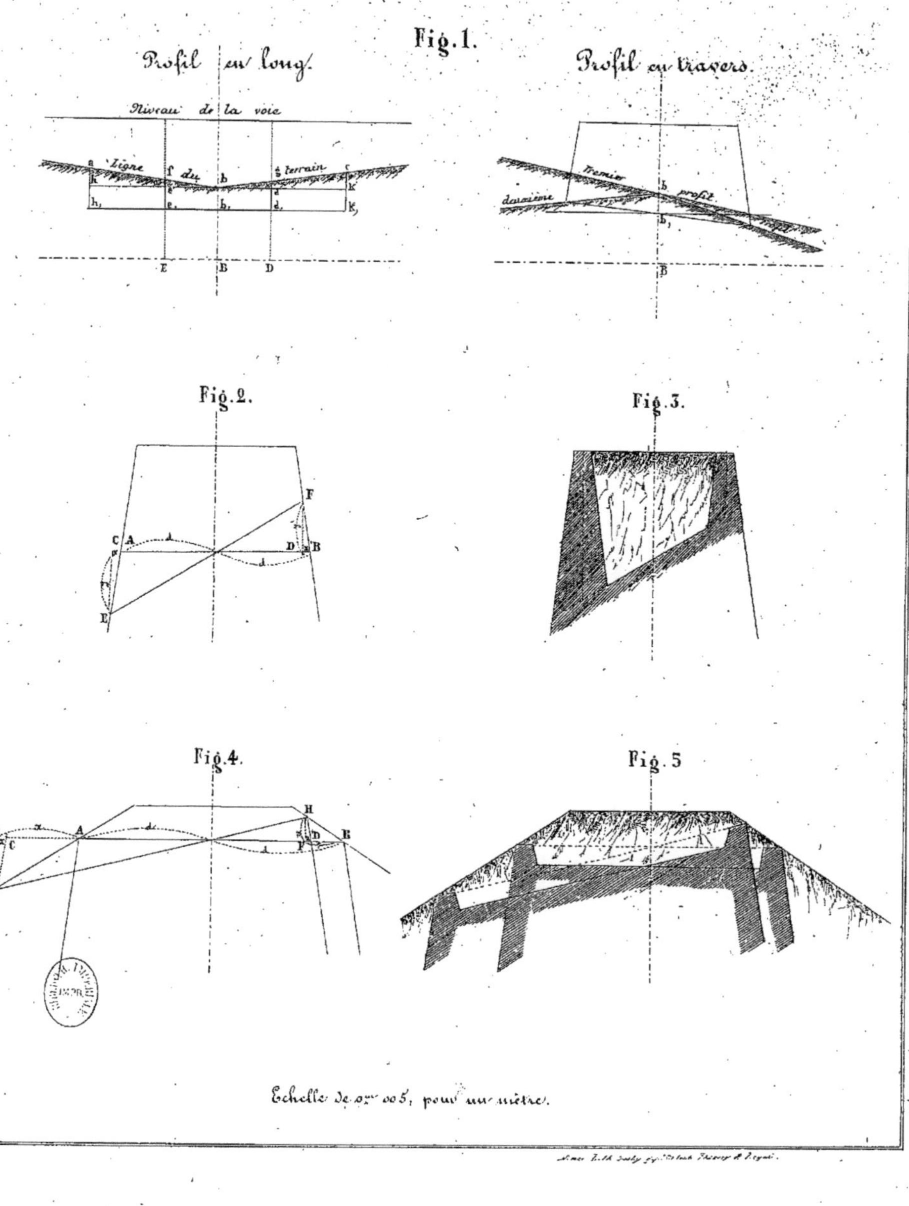

Echelle de 0m 005, pour un mètre.

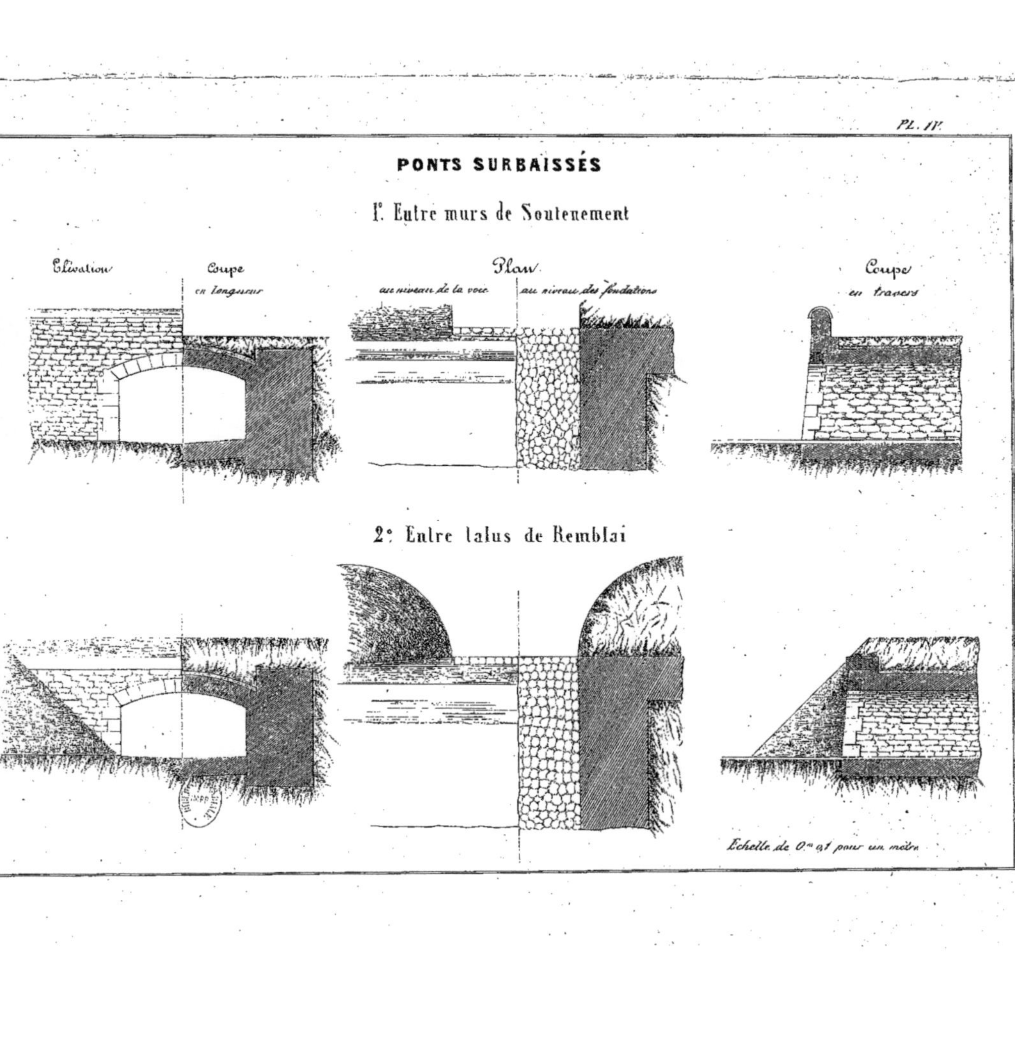
PL. IV.
PONTS SURBAISSÉS
1°. Entre murs de Soutenement
Élévation
Coupe
en longueur
Plan
au niveau de la voie
au niveau des fondations
Coupe
en travers
2°. Entre talus de Remblai
Échelle de 0m,01 pour un mètre

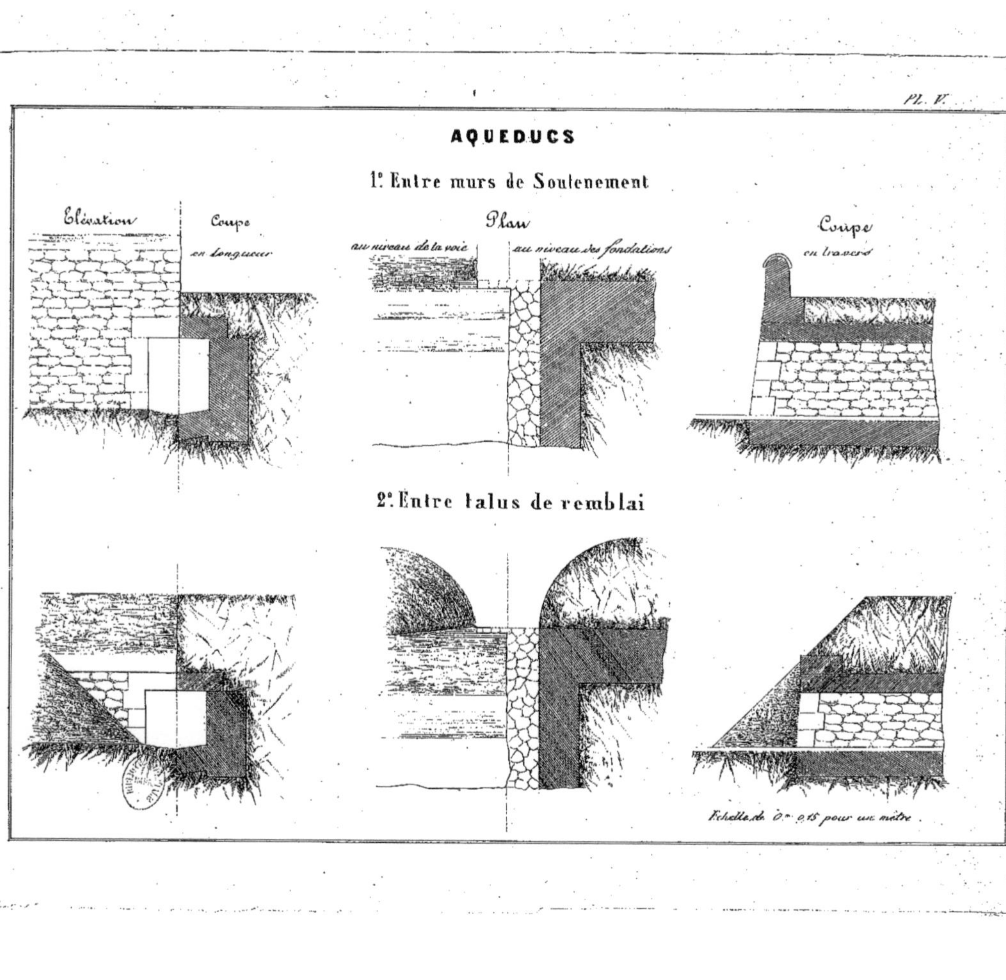
AQUEDUCS
1°. Entre murs de Soutenement
Élévation
Coupe
en longueur
Plan
au niveau de la voie
au niveau des fondations
Coupe
en travers
2°. Entre talus de remblai
Echelle de 0m 0,15 pour un mètre

PL. VI

Profil en long.
Niveau de D la voie
Pente de I 0m 25
Rampe L de 0.50
P.N° 8.00 P.N° 6.00 P.N°
Profil d'emplacemt
Profil d'axe
Profil d'emplacemt
Plan
Profil d'emplacement
Profil d'axe
Profil d'emplacement
Profil en travers au point B
Gabarit biaisé
Gabarit droit
3.00 D 300
de la route
à l'angle de 35°
talus de 1 sur 1.50
Echelle de 0m 005 par mètre.

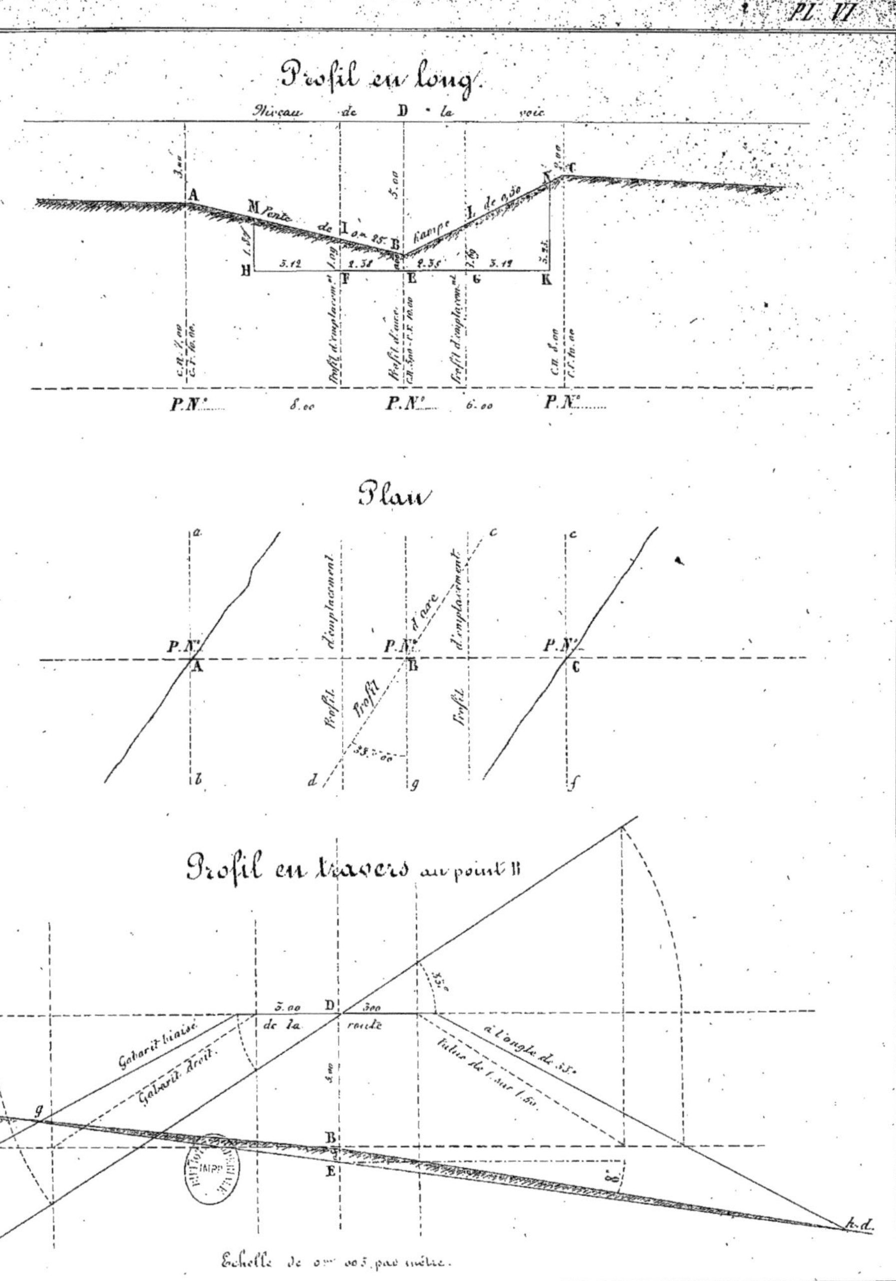

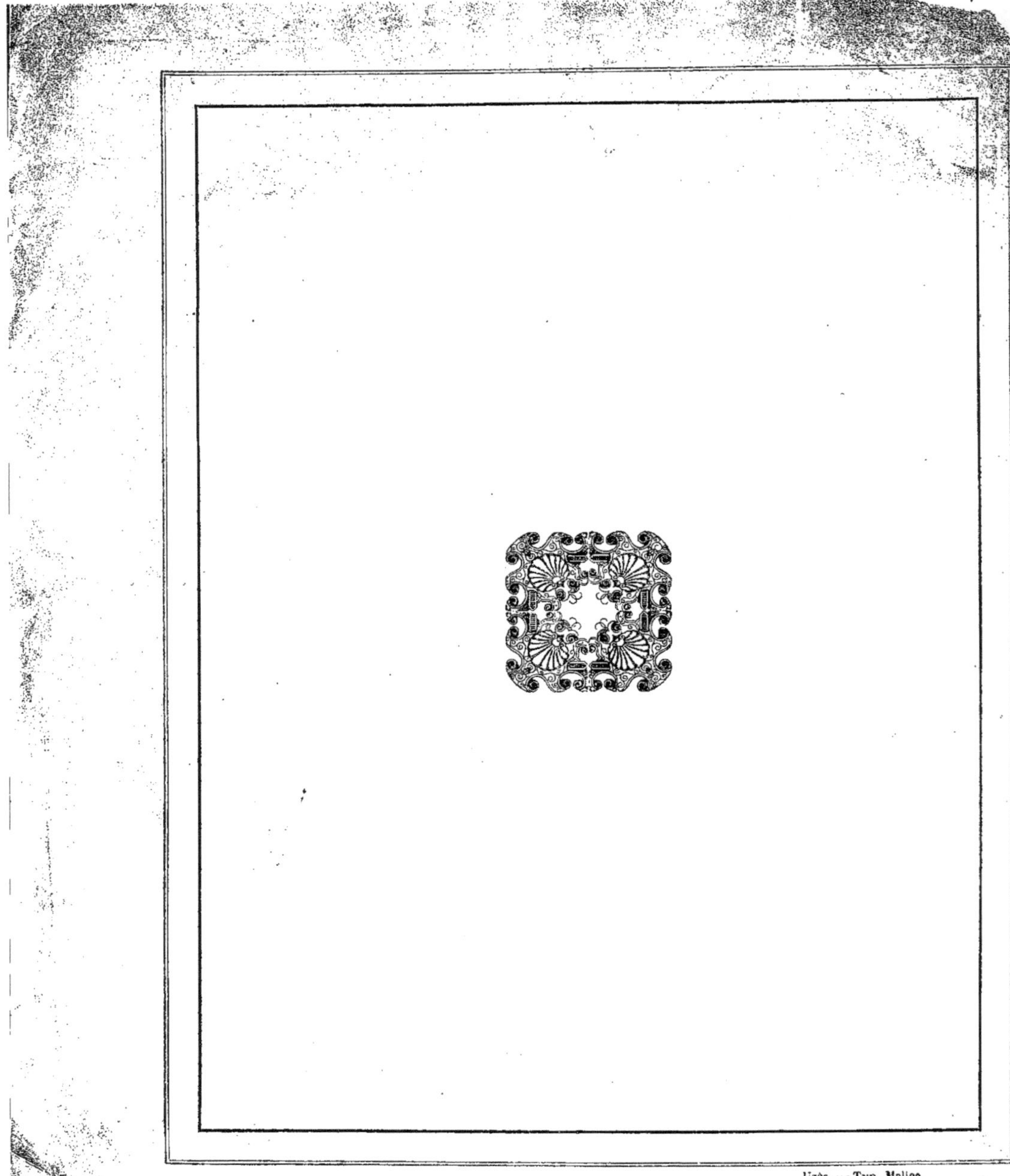

Uzès. — Typ. Malige.

www.ingramcontent.com/pod-product-compliance
Ingram Content Group UK Ltd.
Pitfield, Milton Keynes, MK11 3LW, UK
UKHW012243240726
13966UKWH00004B/1260